Svenja Dufferain

Tyronyme – zur strategischen Wortbildung französischer Käsemarkenamen

Forum für Fachsprachen-Forschung
Hartwig Kalverkämper (Hg.)

Band 104

Svenja Dufferain

Tyronyme – zur strategischen Wortbildung französischer Käsemarkennamen

Frank & Timme
Verlag für wissenschaftliche Literatur

ISBN 978-3-86596-428-1
ISSN 0939-8945

Herstellung durch das atelier eilenberger, Taucha bei Leipzig.
Printed in Germany.
Gedruckt auf säurefreiem, alterungsbeständigem Papier.

www.frank-timme.de

Vorwort

Die vorliegende Arbeit verdankt ihren inspirativen Anstoß dem im Frühjahr-/ Sommersemester 2010 angebotenen sprachwissenschaftlichen Hauptseminar zur Produktonomastik "Den Dingen einen Namen geben: Ergonyme & Co." unter der Leitung von Frau Prof. Dr. Eva Martha Eckkrammer (Romanisches Seminar, Universität Mannheim). Dieses Seminar ist der beste Beweis dafür, dass Sprachwissenschaft ihren Impetus aus der steten und aufmerksamen Wahrnehmung von Sprache in aktuellen Verwendungskontexten gewinnen muss, um kontrastive Strukturen synchronen und strategischen Sprachgebrauchs sichtbar machen zu können, und dies speziell auf kontrastive Weise.

Großer Dank gebührt daher Frau Prof. Dr. Eckkrammer nicht nur für die Ermunterung zur Veröffentlichung dieser Studie, sondern vor allem auch für die Integration hochaktueller Forschungsgegenstände unter angewandt-linguistischen Prämissen. Durch die Aufnahme dieses lebendigen und vielschichtigen Sprachgegenstands in das universitäre Programm wurde vorliegende sprachwissenschaftliche Reflexion und der damit verbundene Erkenntnisgewinn überhaupt erst möglich.

Danken möchte ich außerdem Frau Dr. Timme und Frau Matthes vom Frank & Timme Verlag für die professionelle Betreuung sowie Herrn Prof. Dr. Dr. h.c. Kalverkämper für die Aufnahme in die renommierte Reihe *Forum für Fachsprachen-Forschung* (FFF).

Ein besonderer Dank gilt schließlich meinem Freund Stefan, der unter Einsatz von Frostbeulen tapfer mit mir den Weg entlang französischer Kühltheken beschritt und dazu beitrug, die Arbeit stilistisch zu prüfen. Alle verbleibenden stilistischen oder orthographischen Unzulänglichkeiten liegen in meiner Verantwortung.

Edesheim, im Mai 2012,
Svenja Dufferain

Inhaltsverzeichnis

1. EINLEITUNG 9
   1.1. Zur Notwendigkeit einer linguistischen Markennamenanalyse 9
   1.2. Zum Forschungsgegenstand 10
   1.3. Zum Aufbau dieser Arbeit 11
   1.4. Zum Begriff 'Tyronym' 12

2. THEORETISCHER TEIL 15
   2.1. Forschungsstand 15
   2.2. Fremdsprachenkompetenz: Markenname 18
   2.3. Namensemantik 20
   2.4. Der "heimatlose" Markenname: Proprium oder Appellativum? 22
   2.5. Semantik der Wortbildungsmuster 24
      2.5.1. Assoziative Bedeutungsebene 26
      2.5.2. Lexikalische Bedeutungsebene: word names 28
         2.5.2.1. Redende Namen 28
         2.5.2.2. Klassifizierende Namen: Markennamenmorpheme 30
   2.6. Markennamengrammatik nach Platen 33

3. PAYS DES FROMAGES 35

4. EMPIRISCHER TEIL I: TYRONYMSTUDIE 40
   4.1. Aufbau der Studie 41
   4.2. Silbenstruktur 42
   4.3. Morphologie 44
      4.3.1. Einleitung 44
      4.3.2. Abgrenzungsproblematiken 45
      4.3.3. Bildungsmuster 52
      4.3.4. Kontrastive Analyse 70
      4.3.3. Wertung 76
   4.9. Semantik 80

5. EMPIRISCHER TEIL II: GALLIZISMEN 83
   5.1. Terminologie: Gallizismus/Xenismus 87
   5.2. Country of Origin Effect 88
   5.3. Kriterien 89
   5.4. Analyse 90
   5.5. Silbenstruktur 91
   5.6. Morphologie/Bildungsmuster 92
   5.7. Semantik 98
   5.8. Graphematische Ebene 100
   5.9. Wertung 101

6. FAZIT 103

7. BIBLIOGRAPHIE 107

ANHANG 107

Abbildungsverzeichnis

Abb. 1: Herkunftsgebiete der Käsesorten 40
Abb. 2: Tyronyme – Silbenstruktur 42
Abb. 3: Tyronym/Ökonym – Silbenstruktur im Vergleich 43
Abb. 4: Tyronyme – Bildungsmuster 52
Abb. 5: Tyronyme – Morphosyntaktische Komplexität der Syntagmen 53
Abb. 6: Ikonische Untermalung des semantischen Assoziationsfelds 'Natur' 82
Abb. 7: Ikonische Untermalung des semantischen Assoziationsfelds 'Tradition' 83
Abb. 8: Ikonische Untermalung des semantischen Assoziationsfelds 'Religion' 84
Abb. 9: Ikonische Untermalung des semantischen Assoziationsfelds 'Regionalität' ... 85
Abb. 10: Authentische Verpackungsweise mit Baumrindenumrandung und Strohbett 86
Abb. 11: Silbenstrukturen im dreifachen Vergleich 91
Abb. 12: Gallizismen – Bildungsmuster 92

Tabellenverzeichnis

Tab. 1: Semantik der Wortbildungsmuster 26
Tab. 2: Kompositionale Strukturtypen mit Korpusbeispielen 47
Tab. 3: Tyronyme – Syntagmen Typ I 55
Tab. 4: Tyronyme – Syntagmen Typ VI 56
Tab. 5: Tyronyme – Syntagmen Typ IV 58
Tab. 6: Tyronyme – Komposita 61
Tab. 7: Tyronyme – Kontaminativa 65
Tab. 8: Tyronyme – Kunstwörter 65
Tab. 9: Tyronyme – Derivativa 67
Tab. 10: Bildungsmuster nach Mundt 1981: 30 71
Tab. 11: Qualitativer Vergleich der Wortbildungsmuster 77
Tab. 12: Gallizismen – Syntagmen 93
Tab. 13: Gallizismen – Komposita 94
Tab. 14: Gallizismen – Lexikalische Übernahmen 96
Tab. 15: Gallizismen – Derivativa 96

1. Einleitung

1.1. Zur Notwendigkeit einer linguistischen Markennamenanalyse

Warum ist eine linguistische Beschäftigung mit Markennamen von Relevanz? Die Sprachwissenschaftlerin Ingrid Piller sieht die Notwendigkeit folgendermaßen begründet:

> Trade name studies can further our understanding of the societal determination of language change as they show clearly which **communicative needs** determine the introduction of new words. [...]. Trade names tend to be complex nouns and the study of their structure may offer new insights into **borderline questions of word formation** and phraseology as well as show **new types of word formation** (Piller 1998: 39; eigene Hervorhebung).

Neben der Ausdifferenzierung der Lexik, zu der deonymisierte Markennamen aufgrund von "communicative needs" beitragen, bietet die eigentliche Untersuchung von Markennamen jedoch weit mehr als nur Einblicke in "borderline questions of word formation" wie es Piller formuliert. Wenn die Strukturen von Markennamen marginal wären, so wäre auch ihre Analyse reiner Selbstzweck und das Forschungsinteresse nicht begründbar. Warum dürfen Markennamen in einer modernen und angewandten Linguistik also nicht fehlen?

1) Eine Beschäftigung mit ihnen bietet eine der wenigen Möglichkeiten, öffentliche Sprachverwendung in ihrer unreglementiertesten Form zu erforschen und "new types of word formation" zu antizipieren. Wie verhält sich eine Sprache, wenn sie keiner Norm unterworfen ist? Welche Kreativität holt sie aus sich heraus? Und inwiefern besteht Analogiepotenzial für künftige Bildungen des Wortschatzes? So hat Mundt beispielsweise bei französischen Markennamen eine umgekehrte *détérminant-détérminé* Relation als *calque* des Englischen festgestellt und eine Zunahme dieser invertierten Abfolge für Neubildungen des Wortschatzes vorausgesagt (vgl. Mundt 1981: 107).

2) Die Untersuchung "ökonymischen" Materials ist eine Untersuchung von Sprache in ihrem realen, beobachtbaren Kontext. Sind Toponyme, Hydronyme

oder auch Patronyme für den historischen Sprachwissenschaftler fossile Datenträger einer vergangenen Zeit, so sind Markennamen Zeugnisse synchronen Sprachgebrauchs und als solche am Puls aktueller Sprachverwendung.

3) Vor allem aber ist der Markenname das Produkt einer *metamorphological competence* (vgl. Thornton 2000: 124), da Produktstrategien bereits sehr stark über das gewählte morphologische Bildungsmuster umgesetzt werden (konventionelle Strukturen für traditionelle Produkte, kreative Namen für innovative Produkte). Durch Vergleiche mit den Bildungsstrukturen der Lexik ermöglicht die Analyse von Markennamen als Produkt der *parole*, die *langue* in einem kontrastiven Objektiv zu betrachten und ein Metabewusstsein über morphologische Konventionalität oder Kreativität in der untersuchten Sprache auszubilden.

4) Des Weiteren sind Markennamen als am stärksten expandierende Onymgruppe (vgl. Platen 1997: 11) integrativer Bestandteil der Alltagskultur eines Landes und somit eine wesentliche, oft unterschätzte Komponente von fremdsprachlicher Kompetenz (vgl. Galisson 1998 sowie Kapitel 2.2).

Es ist klar geworden, dass Markennamen in einer synchron ausgerichteten (kontrastiven) Onomastik nicht fehlen dürfen, um anhand der "malléabilté de la langue" (Galisson 1998: 8) dieses omnipräsenten Sprachproduktes Aussagen über kreativen, aktuellen, sich verändernden sowie strategisch eingesetzten Sprachgebrauch leisten zu können.

1.2. Zum Forschungsgegenstand

Warum gerade französische Käsemarkennamen? Das Interesse hierfür ist folgenden Fakten geschuldet:

Zum einen ist Käse einer der kulinarisch-kulturellen Mythen Frankreichs (vgl. Kapitel 3). Die enge Bindung des Produkts zur Kultur lässt enge lexikalische Bezüge im Markennamen als Gebilde der *parole* erhoffen, die mit Hinblick auf die Strukturen der (französischen) *langue* erschließbar und kontrastierbar gemacht werden können. Somit ergäbe sich bei den sonst so globalisierten Markennamen ein enger Bezug zwischen untersuchtem Objekt und Forschungsinteresse, nämlich den synchronen Strukturen der französischen Sprache.

Zum anderen besteht angesichts des positiv besetzten *Country of Origin Effect* für französischen Käse ein Anreiz für ausländische Märkte von diesem Image durch sprachliche Nachahmung in Form von Gallizismen zu profitieren. Durch die Kontrastierung zwischen den Originalen und den in Deutschland angebotenen Nachahmungen lässt sich herausfinden, durch welche Rekurse französische Stereotypizität generiert wird.

1.3. Zum Aufbau dieser Arbeit

Der empirische Teil dieser Arbeit beschäftigt sich mit französischen Käsemarkennamen im Spannungsverhältnis dreier kontrastiver Analyseansätze:

Auf der einen Seite werden neben der eigentlichen Analyse französischer Käsemarkennamen die eruierten strukturellen Bildungsmuster mit den Bildungstendenzen allgemeiner französischer Markennamen (1) sowie mit der konventionellen Wortneubildung des französischen Wortschatzes verglichen (2). Die Fragen hierbei: Warum sind französische Käsemarkennamen morphologisch auf eben jene Art gebildet? Wie lassen sich Übereinstimmungen oder Divergenzen mit anderen Markennamen sowie mit Bildungen des Wortschatzes strategisch erklären? Wie produziert die französische Sprache Kreativität? Bestehen Analogieeffekte für künftige Wortneubildungen?

Auf der anderen Seite besteht das Erkenntnisinteresse darin, Französität bei auf Gallizismen rekurrierenden deutschen Käsemarkennamen auszuloten (3). Auch hier gilt es, Unterschiede morphologischer und semantischer Art sichtbar zu machen und zur Diskussion zu stellen.

Vor der eigentlichen Analyse soll zunächst ein theoretischer Rahmen die nötigen Konturen für eine wissenschaftliche Beschäftigung mit Markennamen schaffen. An erster Stelle erfolgt ein Resümee des derzeitigen *state of the art*, um anschließend eine Reflexion über die Bedeutung des Markennamens als Teil von fremdsprachlicher Kompetenz anzustoßen. Eine kritische Einordnung des Markennamens im proprialen Raum rekapituliert im Anschluss das über lange Jahre tradierte Bewusstseinsproblem der linguistischen Forschung und zeigt entsprechende Auswege auf. Im letzten Punkt des sprachwissenschaftlich bezogenen Theorieteils schafft der Überblick über unterschiedliche Formen von morphologisch-semantischer Markengebildetheit die Ausgangslage für die empirische Beschäftigung. Nach Beleuchtung des kulturell-kulinarischen Stellenwertes von Käse in Frankreich findet die empirische Ergonymstudie schließlich ihre Anwendung.

1.4. Zum Begriff 'Tyronym'

In der Onomastik bildeten sich bereits mehrere Termini aus der Kreuzung von 'Onym' (gr. ὄνομα *ónoma* 'Name') mit einem weiteren griechischen Etymon heraus. Beispielsweise 'Anthroponym' (gr. ἄνθρωπος *ánthropos* 'Mensch') 'Toponym' (gr. τόπος *tópos* 'Ort') oder 'Hydronym' (gr. ὕδωρ *hýdōr* 'Wasser'). Kreativer wird es durch das von Bauer geprägte 'Ergonym' (gr. ἔργο 'Werk' 'Erzeugnis') "für von Menschen geschaffene Objekte und Produkte" (Bauer 1985: 54). Das Ergonym dient als Name für Objekte, die aus menschlichen Arbeitsprozessen hervorgegangen sind, somit funigert das Ergonym gleichzeitig als onomastisches Hyperonym von Markennamen (vgl. ebd.: 55).

Auch Anreiter kreiert Metabezeichnungen wie 'Ergatonym' (gr. εργάτης *ergato* 'Arbeiter' hier für 'Firmenname') (vgl. Anreiter 2002: 315) oder 'Pharmakonym' (gr. φάρμακον *phármakon* 'Heilmittel' 'Gift' 'Zaubermittel') für seinen damaligen onomastischen Untersuchungsgegenstand der Arzneimittelnamen. Konkret für Markennamen wird von Platen der Vorschlag des 'Ökonyms' gemacht (vgl. Platen 1997: 8; 14), obgleich die griechische Herkunft beider Etyma darin aufgegeben wird.

Im Französischen wird für Reihenbildungen mit inhaltlichem Bezug zu Käse auf *-tyro* zurückgegriffen, ursprünglich aus gr. τῦρος *tyros* ('Käse'). Dieses Konfix findet sich in Bildungen wie *tyrologie* ('science du fromage'), *tyrologue* ('scientifique du fromage'), *tyrosème* ('étiquette de fromage') oder *tyrosémiophiles* ('collectionneurs d'étiquette de fromage') (vgl. Froc 2006: 9).

In Verbindung mit oben aufgeführter kreativer Tradition, für den Untersuchungsgegenstand eine Onymbezeichnung aus griechischen Elementen zu schaffen, drängt sich in Verbindung mit den vorhandenen Reihenbildungen aus der französischen Lexik der Neologismus 'Tyronym' geradezu auf. Dieser mehr als symbolisch zu verstehende Begriff als Ausdruck eines onomastischen Bewusstseins durch Fortführung des fachinternen Usus der Namengebung soll in dieser Arbeit synonym zu 'Käsemarkenname' verstanden werden.

2. THEORETISCHER TEIL

2.1. Forschungsstand

Der Beginn der wissenschaftlichen Namenforschung wird im Allgemeinen mit den Werken Förstemanns im 19. Jahrhundert angesetzt, doch entspricht diese Verortung keineswegs einer flächendeckenden akademischen Verankerung. Die Onomastik emanzipiert sich "vor und nach dem Krieg" (Steger / Löffler 1995: 90) als Lernfach nur an sehr wenigen Universitäten (z.B. Leipzig, Freiburg, Marburg oder Tübingen) (vgl. ebd.: 90). Termini wie 'Onym' und die entsprechenden Reihenbildungen ('Anthroponym' 'Toponym' 'Ethnonym' etc.) etablieren sich erst in den 1960er Jahren (vgl. Wittkowski 1995: 289), obgleich Hansack "die [philosophische] Auseinandersetzung mit dem 'Wesen' des Namens" als "die Geburtsstunde der Sprachwissenschaft in der Antike" betrachtet (Hansack 1990: 74). Angesichts dieser verheißungsvollen Anfänge der Antike (berühmtes Streitgespräch in Platons *Kratylos*)[1] hat sich die universitäre Institutionalisierung vergleichsweise sehr schleppend vollzogen.

Bis vor einigen Jahrzehnten haftete der Onomastik noch das Stigma einer Hilfswissenschaft an, deren Identität vorrangig in der Zuarbeit historischer oder geographischer Wissenschaftsgebiete gedacht wurde. Das Bewusstsein einer "onomastischen Onomastik" (Brendler 2005: 26) als primär sprachwissenschaftliche Disziplin ist somit rezenter Natur (vgl. ebd.: 26).

Seit dem ersten internationalen Kongress für Namenforschung 1938 in Paris liegt der Schwerpunkt in der Onomastik auf der Orts- und Menschennamenforschung. Obgleich das Spektrum der behandelten Themen recht breit gespannt ist, hat sich an der thematischen Dominanz dieser traditionellen Themengebiete bis in die Gegenwart nichts geändert (vgl. Brendler 2004: 42).

---

1 In diesem Streitgespräch zwischen Kratylos und Hermogenes geht es um die Frage der Arbitrarität von Namen und Benanntem, betrifft aber auch das Wesen der Wörter im Allgemeinen. Kratylos vertritt die Auffassung "einer natürlichen Richtigkeit der Wörter" während Hermogenes die Relation zwischen *signifiant/signifié* sowie bei Namen *signifiant/signifié/referént* als Konvention betrachtet. "Denn kein Name irgendeines Dinges gehört ihm von Natur, sondern durch Anordnung und Gewohnheit derer, welche [...] sie zur Gewohnheit machen [...]" (Hermogenes zit. n. Bauer 1985: 15-16).

Dass Markennamen heute Gegenstand wissenschaftlicher Arbeiten sein können, ist daher keinesfalls eine Selbstverständlichkeit, muteten sie doch lange Zeit aufgrund ihres populären Charakters und ihrer Nähe zur Wirtschaft als "ökonomische Obszönität" (Platen 1997: 2) innerhalb der Geisteswissenschaften etwas anrüchig an. Nach ersten überblicksartigen Annäherungen in den 1950er Jahren folgen in den 1960/1970er Jahren erste Monographien zur Morphologie von produktspezifischen Markennamen wie Chemiefasernamen oder Kunststoffbezeichnungen (vgl. Platen 1997: 3-4). Anfang der 1980er Jahre ist vor allem die Dissertation von Wolf-Rüdiger Mundt über französische Markennamen lobend zu erwähnen. Mit *Wortbildungstendenzen im modernen Französischen, untersucht an den 'Noms de marques déposés'* stellt dieser unter Beweis, dass es sich bei Markennamen um einen ernstzunehmenden Forschungsgegenstand der Sprachwissenschaft handelt. Diese wissenschaftliche Abhandlung bleibt für französische Markennamen bis heute das einzige Referenzwerk in diesem Umfang. Für den kontrastiven Vergleich vorliegender Korpusanalyse ist sie daher von unschätzbarer Bedeutung.

Der HSK Band zur Namenforschung (1995/96) hat durch die Aufnahme der Warennamen positive Signalwirkung, allerdings nicht ohne gleichzeitig einen ambigen Beigeschmack zu hinterlassen. Es ist streng genommen nur ein Artikel von Koß (1996: 458) über Warennamen im engeren Sinne enthalten, und dieser ist im Vergleich zu den insgesamt mehr als 61 Artikeln zu Personennamen (26), Ortsnamen (25), Völker-/ Ländernamen (6) oder Gewässernamen (4) eindeutig unterrepräsentiert. Zum anderen suggeriert der Aufsatz unter der marginalisierten Rubrik "Übergangsformen zwischen Eigennamen und Gattungsnamen" eine gewisse Abseitsstellung im proprialen Raum. Die "onomastique commerciale" (Druetta 2008: 165) bleibt dort folglich klar als "onomastique mineure" (Pottier 1954[2] zit. n. Platen 1997: 2) verortet.

Für die sprachwissenschaftliche Institutionalisierung von Markennamen sorgen neben der regen Publikationstätigkeit von Ronneberger-Sibold und Gerhard Koß Ende der 1980/1990er Jahre, vor allem Platens kulturübergreifende Studie *Ökonymie* (1997) sowie eine große Anzahl an mikrostrukturellen Dissertationen:

2 Pottier (1954): "Aspects de l'Onomastique: l'onomastique mineure." In: *Revue internationale d'onomastique* 6, 43-51.

Relativ früh bereits Wehking (1984) und später Anreiter (2002) über Pharmakonyme, Piller (1996) mit einem Korpus zu amerikanischen Automobilnamen und für das Italienische tun sich Gabriel (2003) mit onomastischen Analysen zu Elektrogeräten sowie Zilg (2006)[3] zu Lebenmittelmarken hervor.

Die aktuellen Tendenzen sind mehrheitlich viel versprechend: 2006 gab es das Symposium *Names in the Economy and in Economic History* an der Universität Antwerpen, wo die dazugehörigen Aufsätze in Kremers/Ronneberger-Sibolds Sammelband *Names in Commerce and Industry* interessante Einblicke und angesichts der starken Präsenz von Markennamen vor allem positive Ausblicke für die fortschreitende Integration als linguistischer Gegenstand erlauben (vgl. Ronneberger-Sibold/Kremer 2007: 9). Auch Koß bekundet, dass es seit dem 12. Kongress des *International Council of Onomastic Sciences (ICOS)* im Jahre 1976 keinen Kongress ohne Warennamen gab (Koß 2008a: 127-128).

Die Tendenzen zur fortschreitenden Integration der Markennamen innerhalb der Onomastik sind im Gesamten mehrheitlich positiv, obgleich das Potenzial- gerade was die Analyse von Markennamen in den romanischen "Mutterländern" betrifft – bei weitem noch ungenutzt bleibt. Dies gilt ebenso für die französische *science du langage* in Frankreich. In der Zusammenschau "La recherche onomastique en France" (Mulon 1995: 148-151) findet der Markenname als Forschungsgegenstand keinerlei Berücksichtigung und neben vereinzelten fremdsprachendidaktischen Analyseansätzen bei Galisson (1998) oder dem semiotischen Untersuchungsinteresse bei Petit (2000) bleibt die morphologische Untersuchung von Markennamen seitens der französischen Sprachwissenschaft auch tatsächlich deutlich defizitär. Was den dezidiert morphologischen Untersuchungsansatz anbelangt, stellt sich die Lage in der deutschen Romanistik zwar besser dar, doch neben den Studien von Mundt (1981) und Ronneberger-Sibold (1997), bleibt die eingehende und umfassende morphologische Beschäftigung rein französischer Markennamen dennoch weitestgehend linguistisches Brachland. Das Potenzial besteht im Umkehrschluss für künftige Forscher natürlich darin, dieses Terrain in Zukunft verstärkt erschließbar machen zu können.

---

3 Zilg, Antje (2006): *Markennamen im italienischen Lebensmittelmarkt.* Wilhelmsfeld: Gottfried Egert. (= Pro Lingua. 41).

2.2. Fremdsprachenkompetenz: Markenname

Laut Hantsch sind Markennamen "Zeichen, von denen anzunehmen ist, dass sie bei einer großen Gruppe von Zeichenbenutzern auch ohne richtungsweisenden Text zu gleichen oder ähnlichen Bedeutungen führen" (Hantsch 1972: 93), sprich dass diese sprach- und kulturabhängig konventionalisiert sind und in einem Eigennamenlernprozess gewissermaßen erlernt werden müssen. Daran schließt sich unmittelbar eine "Namengebrauchskompetenz" (Christoph 1991: 363) an. Überall dort, wo es Konventionen (hier zwischen *signifiant, signifié* und *référent*) innerhalb von Sprachgemeinschaften gibt, muss der fremdsprachige Sprecher diese erlernen. Da Markennamen in Industriegesellschaften "eine wesentliche [...] Schicht des Gebrauchswortschatzes ausmachen" (Wehking 1984: 7-8) ist deren Kenntnis für eine gelungene Alltagskommunikation relevant. Dass dies im Besonderen auf Markennamen zutrifft, untermauert der französische Sprachwissenschaftler Robert Galisson anhand seines *Dictionnaire de noms de marques courantes. Essai de lexiculture ordinaire.* Die These: Markennamen sind als "patrimoine culturel partagé" (Galisson 1998: 35) kulturelles Allgemeingut und somit Teil des kollektiven Gedächtnisses einer Gemeinschaft. Durch die "porosité de la langue à toutes les formes de culture" (ebd.: 8) ist diese von sprachlichen Objekten der Alltagskultur durchdrungen. Die Implikation: Fremdsprachige Sprecher, welche die Markennamen nicht kennen oder nicht aussprechen können, weisen sich automatisch als fremd aus, weil ihnen ein Teil dieser alltäglichen *mémoire collective* ohne längeren Auslandsaufenthalt nicht zugänglich ist:

> L'accès à cette culture par l'extérieur (sans imprégnation directe dans le milieu) pose un problème d'autant plus délicat à résoudre que, contrairement à la culture institutionnelle [...], qui est décrite, enseignée et apprise à l'école, la culture expérientielle n'est ni décrite, ni enseignée à l'école; elle est acquise au dehors, dans l'interaction sociale, par l'ensemble des natifs (Galisson 1998: 6).

Die jeweiligen phonologischen Gesetzmäßigkeiten lassen sich nur innerhalb des Landes durch die "imprégnation directe dans le milieu" erlernen, sei es durch Werbung, sei es durch unmittelbaren Kontakt zur Alltagskultur und Alltagskommunikation.

Die Motivation, aus welcher heraus der Autor ein Markennamenwörterbuch erstellte, ist fremdsprachendidaktischen Beweggründen geschuldet und gewann ihre Inspiration aus dem Alltag. Galisson und ein polnischer Französischlehrer begegnen während einer Wanderung zwei Landsleuten, die ihnen den Zuruf "Deux 'Vaches qui rit', un coup de 'Badoit', et ça repart!" lancieren (vgl. ebd.: 5).

> Cette bribe de conversation, attrapée au vol, [...] fit pouffer de rire mes enfants, mais remplit de confusion ce cher et chevronné collègue, qui n'en saisit pas le sens (*Vache Qui Rit*, en particulier, avec les bovins en toile de fond, brouillait ses repères) (ebd.: 5).

Der Französischlehrer konnte also keinen Zusammenhang zwischen der Lautkette, dem Inhalt und dem Referenten herstellen, da dieser während seines Studiums ("culture institutionelle") nicht mit Markennamen ("culture expérientielle") in Kontakt kam, die in der Regel nur innerhalb des Landes im sozialen Kontakt von Muttersprachlern im Land selbst internalisiert werden können.

Selbst wenn eine Sprache auf einer "near-native" Stufe (Ehlich 1986: 47) beherrscht wird, können mangelnde Kenntnis über Markennamen sowie deren Aussprache trotz angeblichem "Esperanto unserer Zeit" (Platen 2002: 10) den fremdsprachlichen Sprecher entpuppen und in Form von 'Xenismen' im Sinne Ehlichs, als "Kennzeichen des Fremden als Ausweis der Nicht-Mitgliedschaft" wirksam werden (Ehlich 1986: 48). Auch Kalverkämper bestätigt: "Der Namengebrauch [...] ist ein interkulturell wichtiges Phänomen für gelingende oder konfliktionäre Kommunikation, meist im Sinne eines Ausweises für kulturelle 'Zugehörigkeit' oder 'Fremdheit'" (Kalverkämper 1994: 235).

Und dies muss nicht immer nur mit Schwierigkeiten bei deproprialisierten Markennamen wie *ripolin, bic, flytox, rimmel, scotch* oder *kleenex* verbunden sein. Nehmen wir zur Illustration den Schokoriegel *Daim.* Wie spricht man einen englischen Namen im Französischen so aus, dass der Sprecher kulturell authentisch klingt? In aller Regel nicht durch eine tadellose englische Aussprache. Entschiede man sich bei diesem Namen allerdings für eine systemkonforme französische Realisierung (Nasalisierung), bestellte man aufgrund der Homophonie zum französischen Lexem *daim* [dɛ̃] entweder Wildleder oder einen Dammhirschen.

Markennamen sind weitgehend unterschätzte Formen fremdsprachlichen Vokabulars.

Kalverkämper schlägt angesichts der starken Bindung des Namengebrauchs an den kulturellen Kontext vor, durch eine Disziplin der "Kontaktonomastik" einem besseren interkulturellen Verständnis gerecht zu werden, "welche die Namen in ihren Funktionen beim Kontakt von Menschen, gerade auch unterschiedlicher Kulturzugehörigkeit" kontrastiv untersucht (Kalverkämper 1994: 236). Markennamen wären hierfür jedenfalls prädestinierte Untersuchungsobjekte.

2.3. Namensemantik

Die Debatte über die Bedeutungshaftigkeit eines Namens ist spätestens seit dem aus der Antike überlieferten Streitgespräch zwischen Kratylos und Hermogenes eine feste Kontroverse in der Philosophie (vgl. Bauer 1985: 15-16 oder Fußnote 1). Bis zum Aufkommen der Kognitionswissenschaft (und damit der kognitiven Linguistik) in den 1960er Jahren dominierten die Bedeutungsvorstellungen aus der traditionellen Philosophie von John Stuart Mill (vgl. Hansack 2004: 52-53; Lötscher 1995: 452). Die von ihm postulierte Bedeutungslosigkeit der Namen basiert auf der Prämisse, Bedeutung als die Summe der Begriffsmerkmale einer *Klasse* anzusehen (= Intension). Namen konstituieren durch ihre individuelle Referenz zu einem spezifischen Namensträger nur eine Ein-Element-Klasse (= singuläre Extension), welche von Mill als Klasse nicht akzeptiert wird (vgl. Lötscher 1995: 452; Hansack 1990: 36). Dieser Ausschluss gründet allerdings nicht auf wissenschaftlichen Befunden, sondern auf einer von der Scholastik festgelegten Konvention, Bedeutung *per defintionem* nur für die Summe von Begriffsmerkmalen einer *Klasse* als gültig zu erklären (vgl. Hansack 2004: 53). Diese Vorgehensweise lässt jegliche Empirie vermissen und ist wissenschaftlich haltlos. So kann sich nur Kubczaks treffender Wertung angeschlossen werden:

> Solange man nur die [...] Bedeutungsstruktur der Appellative zum Maßstab aller Dinge macht und dort das Vorliegen einer Bedeutung bestreitet, wo etwas vorliegt, was anders strukturiert ist, wird man in der Tat für einen Eigennamen nie eine Bedeutung sprachsystematischer Art erkennen können (Kubczak 1985: 287).

Die kognitive Sprachwissenschaft leitet in den 1960er Jahren schließlich einen pragmatischen Paradigmenwechsel ein (vgl. Hansack 2004: 56). Hansack und Sonderegger sind innerhalb der Sprachwissenschaft Vertreter eines weiten Bedeutungsverständnisses, welches die Bedeutung von Namen an ganzheitlichere Faktoren knüpft. Auf wissenschaftlichen Untersuchungen der Computational-Brain-Forschung basierend, begreift Hansack den Namen als Zugriffsindex auf ganz persönliche und kontextabhängige Vorstellungsinhalte, die sich der Rezipient über den Namensträger bildet und die bei Nennung des Namens aktiviert werden (vgl. Hansack 1990: 20-27). Die mit einem Namen verknüpfte Informationsmenge ist nach dieser Auffassung durch seine Kontextgebundenheit und Individualität also nie abgeschlossen und daher maximal, ja gar unendlich (vgl. ebd.: 43; 50).

Sonderegger führt im Sinne dieser maximalen Bedeutungshaftigkeit den Begriff der 'Namenbedeutsamkeit' ein als "die Summe der mit einem Namen verbundenen positiven, neutralen oder negativen Assoziationen, Vorstellungen und Gefühle" (Sonderegger 1987: 16).

Was Namen und Wörter prinzipiell unterscheidet, ist die Referentengebundenheit des Namens an seinen Träger. Ein Wort bedarf als konventionalisiertes Sprachzeichen gemäß de Saussure keines konkreten Referenten, der abstrakte Bedeutungsinhalt ist bei einem Wort lediglich an die innerhalb der Sprachgemeinschaft definierte Lautkette gebunden. Die Tatsache, dass Namen ohne Referenten keinen Sinn ergeben, impliziert im Umkehrschluss aber nicht, dass sie keine Bedeutung hätten, nur weil de Saussure in seinem Modell keine Referenten berücksichtigt. Das Saussuresche Modell wird lediglich der proprialen Bedeutungshaftigkeit nicht gerecht. Dieser Umstand sei deshalb angesprochen, weil sich französische Sprachwissenschaftler wie Yaguello ("Le nom propre ne serait donc pas un signe puisqu'il n'y a pas de signe en dehors de la relation signifiant/signifié", Yaguello 1981: 95) oder Petit, hier im Speziellen für Markennamen, ("Le nom de marque réfère à une classe d'occurrences [...] sans passer par un concept", Petit 2000: 163) auf de Saussure berufen, um zu beweisen, dass Namen kein *concept* hätten und somit bedeutungslos wären. Dabei stellt de Saussure selbst klar heraus, dass sein Zeichenmodell nicht auf Propria anwendbar ist: "Les seules formes sur lesquelles l'analogie n'ait aucune prise sont les mots isolés tels que les noms propres [...]" (de Saussure 1976: 237[4] zit. n. Gary-Prieur 1994: 2). Mit dynamischen Modellen wie dem semiotischen Dreieck von Ogden/Richards oder Bühlers Organonmodell, welche im Unterschied zur statischen Konzeption nach de Saussure die außersprachliche Wirklichkeit und somit den Referenten explizit erfassen, ließen sich Bedeutung und Zeichenhaftigkeit eines Propriums sehr wohl erfassen. Bauer beweist dies unter Anwendung des Organon-Modells auf Namen, wobei die semiotischen Schwerpunkte in Appellfunktion/Signal ("Aufrufung eines Anderen") und Darstellungsfunktion/Symbol ("Zuordnung zum dargestellten Objekt [Referent]") (vgl. Bauer 1985: 25-26) zu sehen sind.

Gabriel transferiert Bühlers Modell konkret auf Markennamen. Hier werden natürlich alle Funktionen in ihren Wirkungen potenziert: Die Darstellungsfunktion durch die kreative Freiheit bei der Namenbildung, die Appellfunktion, weil der gebildete Name gezielt absatzwirtschaftlich wirksam sein soll und die Ausdrucksfunktion, da der Name symptomatisch für das gewollte Image des Herstellers/Senders steht (z.B. Rückschluss von innovativen Namen auf innovative Hersteller) (vgl. Gabriel 2003: 30-35). Durch diese Potenzierung der Funktionen sind Markennamen eine Art Superzeichen.

2.4. Der "heimatlose" Markenname: Proprium oder Appellativum?

Die Polemik speist sich aus der Tatsache, dass Markennamen sich auf einen Referenten beziehen, der auf identische Weise durch serielle Massenfertigung geklont in Erscheinung tritt, während bei "normalen" Namen der individuelle und einzelne Referentenbezug klar verortet ist (vgl. Koß 1996: 1642). Hansack zeigt zur Lösung dieses strukturellen Bewusstseinsproblems den Ansatz auf, Einheit nicht im Sinne von 'Singularität', sondern im Sinne von 'Individualität' zu denken. "Anders ausgedrückt: Etwas Individuelles muss nichts Einzelnes (=Singuläres) sein, man kann die Gesamtheit einer Gruppe von Individuen ebenfalls als ein Individuum ansehen" (Hansack 2004: 59). Um die denotative Einheit der Markennamen zu bestimmen, kann also ganz einfach gefragt werden:

4 Saussure de, Ferdinand / Mauro de, Tullio [Hrsg.] (1976 [1915]): *Cours de linguistique générale*. Paris: Payot.

Was betrachte ich als Individuum? Was ist das große Ganze? Da sich Markennamen auf ein bestimmtes Produkt(-konzept) beziehen, kann diese Markenpersönlichkeit auch das übergeordnete individuelle Ganze repräsentieren.

"Wenn man einen Markennamen als den Namen einer Produktmarke (also etwas Abstraktes) auffasst, liegt ein Name vor (denn nicht die Produkte, die diesen Namen tragen sind gemeint, sondern die Marke als solche" (Hansack 2004: 63).

Dass die Sprachwissenschaft dieses Quantum an Abstraktionsfähigkeit während all der Jahre an Kontroversen nicht schon vorher ausgebildet hat, lässt verwundern. Neben der ambigen und uneindeutigen Zuordnung des HSK Bands zur Namenforschung (1995) nennt auch Römer Produktnamen "Appellativa eigener Art" (Römer 1980[5] zit. n. Gabriel 2003: 36), während Lötscher sie als "Zwitter[wesen] zwischen Eigenname und Substantiv" (Lötscher 1992: 336) verstanden haben will. Schippan schlägt in Anlehnung an Gläser vor, Markennamen als Klasse der Appellativa einzustufen, "die [...] propriale Eigenschaften besitzt" (Schippan 1989: 50). Und auch Koß spricht von ihnen zunächst als einem "Übergangsgebiet zwischen Eigennamen und Appellativa" (Koß 1996: 1642), bevor er in einem 2008 veröffentlichten Nachtrag zu seinem 1996 publizierten Grundsatzartikel "Warennamen" den *State of the Art* aktualisiert: "In der einst lebhaft geführten Diskussion, ob den Markennamen proprialer Status zukommt, hat sich die Waagschale eindeutig der proprialen Seite zugeneigt" (Koß 2008b: 90).

Eine solche Auffassung ist nur zu befürworten, da der Beschäftigung mit Markennamen nicht gedient ist, wenn sie als undefinierbares Zwitterwesen auf ein propriales Abstellgleis gesetzt werden. Darüber hinaus sind sie ein eindeutiges Ergebnis eines rekonstruierbaren Namengebungsaktes (=Referenzfixierung), sind sowohl graphisch als auch lautlich nur geringfügig systemgebunden und haben größere morphologische Freiheit als konventionsgebundene Lexeme. Schließlich sind sie wie bei Künstlernamen, Film- und Buchtiteln juristisch reglementiert und auf Individualität angelegt (vgl. Platen 1997: 29). Einer eindeutigen proprialen Zuordnung von Markennamen steht im Grunde kein vernünftiges Argument entgegen.

---

5 Römer, Ruth ([6]1980 [1968]): *Die Sprache der Anzeigenwerbung*. Düsseldorf: Schwann.

Auch wenn *nomen proprium* und *nomen appellativum* der Klasse der 'Konkreta' und somit den Substantiven untergeordnet werden, funktionieren sie semantisch und textgrammatisch höchst verschieden. Namen gehören als Substantive zwar formal zu den Wörtern, doch sind Wörter im Gegensatz zu Namen lexikalisch eindeutig bestimmbar sowie grammatikalisch und lautlich stärker normiert. Normalerweise müsste daher, wie Debus (1977: 21-24) und Nicolaisen (1995a: 391) es vorschlagen, strikt zwischen Wörtern (Appellativa) und Namen (Propria) getrennt werden. Für die spätere Analyse von französischen Käsemarkennamen ist die Notwendigkeit einer Trennung aber irrelevant, da sich beide Ebenen im Markennamen durch die Verwendung lexikalischen Materials bzw. den Rückgriff auf Appellativa überlappen. Der Markenname kann durch seine lexikalischen Bezüge morphologisch fassbar und segmentierbar gemacht werden. Die sprachwissenschaftlichen Disziplinen Morphologie und Onomastik stehen bei Markennamen also in engem (intradisziplinären) Kontakt.

2.5. Semantik der Wortbildungsmuster

Markennamen funktionieren semantisch vielfältiger und komplexer als prototypische Propria. Die Voraussetzung für das expressive Potenzial des Markennamens schafft das Markengesetz, in dem es den kreativen Umgang mit Sprache bei der Namenbildung quasi zur *conditio sine qua non* macht. So steht dort geschrieben, dass Marken von der Eintragung ausgeschlossen sind, "die ausschließlich aus Zeichen oder Angaben bestehen, die im allgemeinen Sprachgebrauch oder in den redlichen und ständigen Verkehrsgepflogenheiten zur Bezeichnung der Waren oder Dienstleistungen üblich geworden sind" (MarkenG §8 (2) 3.). Subtiler Umgang mit Sprache ist also gesetzlich regelrecht vorgeschrieben, um die Individualität und Distinktion klar zu gewährleisten. Denn wie alle Propria sind Markennamen geschaffen worden, um Kommunikationsbedürfnisse "best ökonomisch" (Kalverkämper 1978: 40) zu bewältigen. Die ökonomische Funktion von Markennamen beschränkt sich anders als bei anderen Propria aber eben nicht nur auf die Individuierung und Distinktion des Namenträgers, wie es beispielsweise Gläser verstanden haben will:

> Semantisch gesehen haben Warennamen nur eine Benennungsfunktion, indem sie ein Erzeugnis etikettieren und individualisieren, ohne

> aber Informationen über begriffliche Merkmale, etwa die Art und Beschaffenheit des bezeichneten Gegenstandes, zu vermitteln (Gläser 1996: 28).

Diese Ansicht ist sehr kritisch zu werten, um nicht zu sagen, dass sie nicht korrekt ist.[6]

Denn auch wenn Markennamen grundsätzlich wie andere Propria über Assoziationen gemäß des weiten, pragmatischen Bedeutungsbegriffs von Sonderegger und Hansack Bedeutungshaftigkeit entwickeln, besteht bei ihnen zusätzlich die Möglichkeit, durch Bezug auf den sprachlichen Code Bedeutung und Information im engeren Sinne zu vermitteln. Wird lexikalisches Material verarbeitet, herrscht ein Rückgriff auf Lautketten vor, welche innerhalb der Sprechergemeinde konventionalisiert sind und somit eine klar abgegrenzte Bedeutung wachrufen. Werden Appellativa in Namenstrukturen gebracht, scheint die Willkürlichkeit des sprachlichen Zeichens aufgrund der sprachlichen Code-Referenz zu schwinden, sodass eine "correspondance naturelle des noms et des choses" zu entstehen scheint (Gaillard o.J.: 1). Galisson fasst das Phänomen dieser metalexikalischen Bezüge als Schwinden der Saussureschen Arbitrariät des Zeichens auf:

> Alors que dans le signe selon Saussure, la nature du lien qui unit le Sa au Sé est arbitraire, les publicitaires s'efforcent de construire un signe où la relation Sa/Sé est prédictible, c'est-à-dire où le Sa crédite par avance le Sé, donc le Ré (produit à vendre), d'une valeur maîtrisable par l'émetteur, et ainsi greffable dans l'imaginaire du récepteur. (Galisson 1998: 40).

Weinreich bezeichnet die scheinbare Auflösung arbiträrer *signifiant/siginifié* Relationen als "Hypersemanticization": "[...] incipient correlations between content and expression are exploited, in contrast to the arbitrariness of this relation in semantically 'normal' uses of language" (Weinreich 1980: 42).

Doch gibt es neben solchen 'word names' (Room 1982: 3) auch andere Formen der Gebildetheit von Markennamen. Brauchbare Ansätze zur Verknüpfung von

6 Siehe auch Koß (1996: 1645): "Das Motiv der Informationsvermittlung ist [...] besonders deutlich."

morphologischen Bildungsmustern und semantischer Wirkung finden sich aufgrund der konzeptionellen Ähnlichkeit zu literarischen Namen in der Literaturwissenschaft, hier vertreten durch Birus' "Vorschlag zu einer Typologie literarischer Namen".[7] Diese werden mit Rooms Kategorien *name names*, *arbitrary names* und *word names* (vgl. Room 1982: 3) verknüpft.

<table>
<tr><th>Namentypen (Room)</th><th>Korrespondierende Semantische Namentypen (Birus)</th><th>Wortbildungsmuster</th><th colspan="2">Art der Bedeutungsvermittlung</th></tr>
<tr><td>Name names</td><td>verkörperte Namen</td><td>▪ onymische Übernahmen</td><td>indexikalisch</td><td rowspan="2">Assoziativ</td></tr>
<tr><td>Arbitrary names</td><td>klangsymbolische Namen</td><td>▪ Kunstnamen
▪ Kürzungen (aus Rezipientensicht)</td><td>ikonisch</td></tr>
<tr><td rowspan="2">Word names</td><td>redende Namen</td><td>▪ lexikalische Übernahmen
▪ Komposita
▪ Derivativa
▪ Kontaminativa</td><td>symbolisch</td><td rowspan="2">Lexikalisch</td></tr>
<tr><td>klassifizierende Namen</td><td>▪ Markennamen-morpheme</td><td>symbolisch</td></tr>
</table>

Tab. 1: Semantik der Wortbildungsmuster

2.5.1. Assoziative Bedeutungsebene

'VERKÖRPERTE NAMEN': *NAME NAMES*

Innerhalb der Markennamen stellen onymische Übernahmen durch ihre "internymische Referenz" (vgl. Müller 1991: 142) einen Bezug zu (berühmten) Namensträgern (Persönlichkeiten, Orten, Ereignissen etc.) her und profitieren durch die 'Interkontextualität' (vgl. Nicolaisen 1995b: 566) von dem evokativen Potenzial dieser Referenten. Bedeutung wird hier auf *indexikalischem* Wege durch internymische Verweise hergestellt. Bei unerkannt bleibender onymischer Referenz (beispielsweise bei *Ajax*[8] oder *Mazda*[9]) muss die Kommunikation dennoch nicht als gescheitert betrachtet werden, da der Rezipient bei Opazität des

7 Auch Platen bemerkt in einer Fußnote eine "bemerkenswerte Parallele" zwischen den fiktionalen Personennamen der Literatur und den Markennamen, da es sich um "fertige Charaktere [handelt], für die im Rückblick ein passendes *signifiant* gesucht und gefunden werden kann" (Platen 1997: 19; Fußnote).

8 "Ajax was the Greek hero of the Trojan War who went mad when Archilles' armour was awarded to Ulysses instead of him. But presumably the name of the cleanser was chosen not for this but for the Greek' strength [...]" (Room 1982: 24).

9 "Persian God of light" (Room 1982: 118).

Namens immer noch die Klangsymbolik heranziehen kann, um quasi volksetymologische Remotivierungen vorzunehmen.

'KLANGSYMBOLISCHE NAMEN': *ARBITRARY NAMES*

Kunstnamen repräsentieren durch ihre "phonetische Expressivität" (Platen 1997: 53) die Klangsymbolik in ihrer reinsten Form, da sich ihre Etymologie nicht aus bedeutungstragenden (lexikalischen) Elementen einer natürlichen Sprache speist. Perzeptiv gesehen sind auch viele Kreuzungs- und Kürzungsprozesse für den Rezipienten Kunstnamen, weil dieser mangels Sach- und Sprachkompetenz die Etyma nicht identifizieren kann (ebd.: 52). So wirken auch diese über ihre Klangsymbolik (siehe *Eduscho* oder *Cujasuma*; Beispiele aus Ronneberger-Sibold 2004: 583-584).

Wie bei den onymischen Übernahmen bereits ersichtlich wurde, suchen Konsumenten durch die "symbiotische Beziehung" (Platen 2002: 10) zwischen Name und Produkt auch bei Kunstwörtern nach semantischer Motiviertheit, indem sie eine intuitive *ad hoc* Etymologie anwenden, eine Art *feeling significance* (ebd.: 11-12), wo sich das Bedeutungsempfinden vom Namenursprung abkoppelt und "gänzlich eigene Bahnen zieht" (ebd.: 12).

"A consumer will virtually expect a trade name to have such built-in connotations and will subconsciously look for them" (Room 1982: 13). So kann das Kunstwort *Kodak* beispielsweise als Indiz für "le déclic du mécanisme qui ouvre et ferme l'appareil" (Vendryes[10] 1921: 20 zit. n. Platen 1997: 23) im Sinne eines akustisch motivierten Bildes verstanden werden. Dieses Phänomen ist Beweis dafür, dass Konsumenten in Markennamen nach Sinnhaftigkeit und Auskunft über den Referenten suchen, welche über normale Identifikation und Distinktion hinausgeht. Anders als bei prototypischen Propria wird Bedeutung im Sinne einer semantischen Motiviertheit erwartet, nicht zu letzt, weil der Markenname ein "Identitätsangebot" (Ronneberger-Sibold 2007b: 136) für den Konsumenten darstellt. Semantische Kongruenzen zwischen Namen und Referenten werden konsumentenseitig also erwartet.

Eine stark opake, weil stark reduzierende Wortbildungsmethode ist der Kürzungsprozess, welcher durch die respektierten Regeln zwar einem etymologisch

10 Vebdryes, Jean (1921): *Le langage*. Paris.

nachvollziehbarem Bildungsschema gefolgt ist, wo herstellerseitig aber kaum die Intention einer Dechiffrierung besteht. Diese Namen wirken für die Rezipienten wie opake Kunstnamen folglich ebenfalls nur über ihre Klangsymbolik, um über diese Assoziationen wie Sachlichkeit oder Wissenschaftlichkeit wachzurufen (beispielsweise *Rei* von Reinigungsmittel, *BMW* als Buchstabierakronym für Bayerische Motorenwerke oder die akronymische Kürzung *Eduscho* von Eduard Schopf; vgl. Ronneberger-Sibold 2004: 571).

2.5.2. Lexikalische Bedeutungsebene: *word names*

Nun kommen wir mit den *word names*, hier aufgeteilt in 'redende' und 'klassifizierende' Namen, zu den morphologisch entwickelten Formen von Markennamen, welche sich für das Korpus des empirischen Teils als zentral erweisen. Sie sind das Produkt einer "conscious 'metalinguistic' reflection about, and use of morphology" (Thornton 2000: 124).

Neben den grammatikalischen Metabezügen weisen diese in erster Linie auch lexikalische Reflexivität auf.

2.5.2.1. Redende Namen

Redende Markennamen (Eponymika, *telling names* nach Müller 1991: 142) entwickeln ihre Bedeutung über lexikalische Bezüge.

Semantische Durchsichtigkeit wird am eindringlichsten durch **lexikalische Übernahmen** verkörpert, da Wörter hier ohne Veränderung aus der Lexik entlehnt werden. Eine metamorphologische Kompetenz liegt hier zwar noch nicht vor, Bedeutung im engeren Sinne entsteht aber durch das verwendete Lexem. Bei lexikalischen Übernahmen wird sehr oft auf fremdsprachliche Wortschätze zurückgegriffen, um allzu hohe Deskriptivität zu vermeiden. Letztere wird aus markenschutzrechtlichen Gründen kritisch beäugt, denn beschreibende Elemente müssen für die Allgemeinheit zugänglich bleiben und dem Hersteller droht die Gefahr einer Banalisierung des Produktes (Deonymisierung möglich). In den USA entscheidet der Sprachgebrauch darüber, ob das Produkt seinen Markenstatus verliert. Deswegen ist die Namensfindung ein schmaler Grad: Der Name soll zwar einfach aussprechbar sein aber sprachökonomisch nicht derart reizvoll werden, um den Gattungsnamen zu ersetzen. "The existence of a rule forbidding descriptive tradenames creates a context of markedness inversion, where morphosemantic opaqueness is more valued than morphosemantic transparency" (Thornton 2000: 115).

In regulären **Komposita** werden die Wörter ohne Verletzung der Wortgrenzen zusammengefügt. *Staubblitz* oder *Sahnefee* sind im Deutschen laut Ronneberger-Sibold bei Markennamen relativ selten, weil zu deskriptiv, zu durchsichtig und zu "hausbacken" (Ronneberger-Sibold 2004: 577).

Als weitaus kreativer und wortschöpfender werden daher 'extragrammatische Kompositionen' (ebd.: 587) oder **Kontaminativa** angesehen, welche die Wortgrenzen aufbrechen und ein neues Produkt formen, das nicht aus der Befolgung regulärer, konventioneller Wortbildungsmodi hervorgeht. Bei Kontaminativa steigt der kommunikative Mehrwert durch die Demonstration des kreativen Umgangs bei der Bildung des *signifiants* deutlich an. Innerhalb der Kreuzungsprozesse gibt es verschiedene Transparenz- und Verschmelzungsgrade, welche von Vollkreuzungen über Habvollkreuzungen bis hin zu Splitterkreuzungen zunehmend an Transparenz verlieren und für den Konsumenten undurchsichtiger werden. Folgende Aufgliederung der Kontaminativa ist ein Auszug der Typologisierung nach Ronneberger-Sibold (2004: 587-590):

Bei der **Gelenkkreuzung**, der häufigsten Realisierung der Vollkreuzung, werden Lexeme miteinander gekreuzt, die eine gemeinsame Graphem-/ Morphemfolge aufweisen, mittels derer sie graphematisch/morphologisch verbunden werden. Die Identifikation der bedeutungstragenden Einheiten ist noch problemlos möglich, da das Gelenk bei künstlicher Trennung linksseitig als Wortende und rechtsseitig als Wortanfang gelesen werden kann. Beispielsweise werden *tea* + *easy* in *teasy* über das Gelenk *–ea–* miteinander verbunden. Gleiches gilt bei *workoutfit*, wo das Gelenk *–out–* die Wörter verbindet (Beispiele aus Platen 1997: 48 und Ronneberger-Sibold 2004: 588).

Die Verschlüsselung der lexikalischen Information steigt bei der **Halbvollkreuzung** um eine weitere Stufe an, indem ein Lexem bei der Kreuzung gekürzt wird, während das andere noch vollständig erhalten bleibt wie beispielsweise in *Faszinatour (< Faszination + Tour)* oder *Labello (labro + bello).*

Die Opazität verdichtet sich bei den **Splitterkreuzungen** auf den höchsten Grad innerhalb der Kontaminativa. Hier werden nun beide Wörter gekürzt und regelrecht mit- und ineinander verschmolzen, sodass eine Segmentierung in ursprüngliche Einheiten ohne entsprechende Sachkenntnis aus Sicht des Rezipienten kaum noch zu leisten ist. *Escalator* (< *escalading* x *elevator*), *Cinerama* (< *cinema* x *panorama*), *Etam* (< *Établissement* x *Meilleur*) oder die stark opake Splitterkreuzung *Cujasuma* (< *Cuba* x *Java* x *Sumatra*) (Beispiele aus Room 1982: 54; 74 und Ronneberger-Sibold 2004: 584).

2.5.2.2. Klassifizierende Namen: Markennamenmorpheme

Markennamenmorpheme konstituieren eine eigene *lingua franca*, ein eigenes Sprachsystem innerhalb der Markennamenbildungen. Im Unterschied zu den bereits vorgestellten lexikalischen Wortnamen entsteht bei den Markennamenmorphemen darüber hinaus eine neue *signifiant-signifié* Konvention, innerhalb derer *commercial suffixes* auf die Bedeutung 'Markenname' verweisen und kommerzielle Konfixe für eine klar umgrenzte Produktgruppe stehen (vgl. Ronneberger-Sibold 2007a: 200-202; Voigt 1985: 126-130). Wir befinden uns mit dieser Kategorie im Bereich der Derivativa.

A) KOMMERZIELLE SUFFIXE

Ronneberger-Sibold weist darauf hin, dass die Qualifizierung von *–in*, *-al*, *-an-*, *-ol* etc. als Suffixe innerhalb der Markennamenliteratur zwar Usus geworden ist[11], damit aber eine Verkennung der eigentlichen Funktion von Suffixen einherginge. Bei Abweichungen zu den morphologischen Regeln der "normalen" Wortbildung einer Sprache sowie bei "fundamentaler funktioneller Verschiedenheit" gilt es daher, die "extragrammatische" Funktion zu berücksichtigen (vgl. Ronneberger-Sibold 2004: 585).

Suffixe sind in normalen Wortbildungsprozessen einer Sprache gebundene Affixe, die an ein freies Morphem als Ableitungsbasis am Wortende angehängt werden, (*Fundament*→ *fundament-al*, *Form*→ *form-al*) oder zumindest an einen Stamm angefügt werden, der für die Bildung weiterer Ableitungen produktiv ist

11 Anreiter gebraucht für charakteristische Namensendungen den Terminus 'Teleutoseme' (Anreiter 2002: 30; 40; 49).

(*Zentr-um*, *zentr-al*, *zentr-iert* etc.). Sehr oft gilt dieses Bildungsprinzip bei Markennamen nicht. Werden innerhalb der Markennamen Suffixe an unfreie Stämme angehängt, sind diese als extragrammatisch zu bezeichnen. So wäre beispielsweise das Wortbildungselement *–al* in *Aral* und *Togal* extragrammatisch, weil *Ar-* und *To-* keine eigenständigen lexikalischen Einheiten bzw. Stämme weiterer Ableitungen im Sprachsystem darstellen, sondern nur innerhalb des Markennamens Verwendung finden.

Des Weiteren wurden die Suffixe ursprünglich aus dem Lateinischen (seltener aus dem Griechischen) zur Bildung eines Fachsprachenwortschatzes entlehnt, bevor sie zur Markennamenbildung herangezogen wurden. Ihnen haftet somit ein wissenschaftliches Antlitz an, obwohl sich ihre semantische Funktion von der fach- oder fremdsprachlichen konventionalisierten Bedeutung längst gelöst hat. Die Konvention wird folglich innerhalb der Markennamen neu definiert. Das extragrammatische Suffix *–in* wie in *Aspirin, Mondamin, Alpecin, Sidolin* oder *Litamin* verweist nicht auf einen Inhaltsstoff wie in lat. *–INUS,* sondern begnügt sich neben der Bedeutung 'Markenname' mit der Evokation von Wissenschaftlichkeit (vgl. Voigt 1985: 127).

Interessant hierbei ist, welche Produktivität einzelnen kommerziellen Suffixen sprachübergreifend zukommt. Für das Französische als romanische Sprache und somit als lebender, moderner Fortsetzer des Vulgärlateins, wirken lateinische Elemente in Markennamen weniger fremd und kultiviert als im Deutschen oder Englischen (vgl. Ronneberger-Sibold 1997: 1787).

Basierend auf Mundts Untersuchungen französischer und deutscher Markennamen lässt sich beispielsweise feststellen, dass *–al* in beiden Sprachen zur Bezeichnung von Markennamen produktiv ist, *loan suffixes* wie *-an* und *–on* im Französischen aber bei der Markennamenbildung überhaupt nicht gebräuchlich sind (vgl. Mundt 1981: 134-137; Ronneberger-Sibold 1997: 1785). Laut Ronneberger-Sibold ist die Unattraktivität von *–on* und *–an* an der engen Nähe zur *langue* festzumachen. Die Distanz zum Wortschatz ginge verloren und die Versuchung für den Sprachbenutzer, den Markennamen aufgrund der leichten und typischen Aussprache zu deonymisieren, sei zu groß (siehe Beispiel *frigidaire* bei Galisson 1998: 22-23).

Um Wissenschaftlichkeit bei französischen Markennamen zu suggerieren, wird sehr oft auf das Suffix *–ine* (anstatt *–in*) zurückgegriffen, welches die systemsignifikante Nasalisierung verhindert und somit einen wissenschaftlichen, lateinischen Eindruck aufgrund der Nähe zu *caféine* oder *nicotine* evoziert. So ist es nur konsequent, dass *Aspirin* im Französischen *Aspirine* lautet (vgl. Ronneberger-Sibold 1997: 1785).

B) KOMMERZIELLE KONFIXE

Schmitt hat die Verbreitung von Konfixen auf europäischer Ebene festgestellt und versteht unter diesen 'Euro-Morphemen' "die kleinsten bedeutungstragenden Einheiten der größeren westeuropäischen Nationalsprachen, die [...] übereinzelsprachlich produktiv sind" (vgl. Schmitt 2007: 103). Hierzu zählen beispielsweise die vom Latein abgeleiteten Markennamenmorpheme *bio-, eco-, natur-, vit-, san-, aqua-, pulmo-, dent-, crem-, nutri-* (vgl. ebd.: 104).

Auch hier muss berücksichtigt werden, dass für Angehörige romanischer Sprachgemeinschaften die Exotik aufgrund der lexikalisch-morphologischen Integration der lateinischen Lehnwörter insgesamt geringer ist als für Sprecher nicht-romanischer Sprachen.

Konfixe haben im Gegenzug zu den kommerziellen Suffixen eine eng umgrenzte Bedeutung wie Lexeme, sind semantisch folglich deutlich präziser als Suffixe, haben mit ihnen aber die Eigenschaft gemeinsam, nicht als freies Morphem auftreten zu können. Ronneberger-Sibold begründet deshalb die Zuordnung zu den Derivativa (vgl. Ronneberger-Sibold 2007a: 201). Dies ist nicht ganz unkritisch zu sehen, da es sich ebenso sehr um eine Konstituente einer Kontaminativbildung handeln könnte. Die Tatsache, dass das Element für Reihenbildungen gebraucht wird, lässt eine Zuordnung zu den Derivativa jedoch rechtfertigen, obgleich Grenzfälle mitunter nicht auszuschließen sind[12].

12 Ein typisches Beispiel ist *-ex*, das entweder als reines *commercial suffix* keine Bedetung hat wie in *Rolex*, *Durex*, *Moulinex* oder aber als fremdsprachliche Übernahme von lat. EX ('aus', 'heraus', 'hinaus') eine eng umgrenzte Bedeutung wie ein Konfix haben kann wie bei *Tipp-Ex*, *Tintex*, *Cutex* (= *cuticle remover* vgl. Room 1982: 198) (vgl. Thornton 2000: 116).

2.6. Markennamengrammatik nach Platen

Platen versucht anhand vier Parameter die Funktionen von Markennamen sichtbar zu machen: 'Expressivität' 'Originalität' 'Valorisation' und 'Information' (vgl. Platen 1997: 45-70). Diese Größen sind für die konkrete Analyse von Markennamen nur bedingt operationell, da sich die mangelnde Trennschärfe zwischen den Kategorien (vgl. Koß 2008a: 139) als kritisch erweist. Nach obiger Einteilung wären Xenismen und Onomatopoetika expressiv, Kreuzungen und Palindrome hingegen originell (vgl. Platen 1997: 47-48; 54-56). Doch könnte es nicht ebenso gut umgekehrt sein oder anders: Ist eine hohe Expressivität nicht immer Bedingung für Originalität?

Zum zweiten ist die pauschale Negierung des Parameters 'Information' (vgl. Platen 1997: 52) als kritisch zu werten, da die Kategorien ohnehin nur im Verbund wirken (eine gegensätzliche Wertung findet sich bei Koß 1996: 1645).

Was den Parameter 'Information' betrifft, so ist das primäre Ziel von Markennamen selbstverständlich nicht die Generierung und Distribution von Information ihrer selbst Willen, sondern ist immer in das übergeordnete Ziel der Absatzförderung eingebunden. Information ist dennoch nicht per se als Anachronismus zu werten, da sie heute auf viel subtilere Weise zum Einsatz kommen kann. Die Verwendung lexikalischer Elemente ist gewissermaßen schon Rückgriff auf Information. Als klar definiertes Gemeingut einer Sprechergemeinde haben Lexeme einen festen Bedeutungskern. Dieser ist wichtig, wenn mit den Elementen ludisch umgegangen wird, der *clin d'oeil* aber durchschaut werden soll. Einschlusskreuzungen (*Coqu'Ain*), Gelenkkreuzungen (*Abricognac*) oder Halbvollkreuzungen (*Gerblé*) sind in der Regel nicht auf Opazität angelegt, sondern wollen in ihrer Kreativität erkannt werden. Dasselbe gilt für Produktnamen-Wortspiele im engeren Sinne (*Lustucru* 'l'eûsse-tu cru?'). Gewiss sind diese Namen expressiv oder auch originell aber ohne Information, sprich ohne Rückgriff auf Lexeme, bliebe diese Expressivität/Originalität nicht wahrnehmbar, der *déclic* würde beim Rezipienten nicht einsetzen.

Die Funktionen sind also unbedingt in einer Art Wechselbeziehung zu sehen. Durch diese schlechte Trennbarkeit sollten bei den Analysen daher weitere Ebenen (morphologischer, phonologischer, semantischer Art etc.) hinzugenommen werden, um handfeste, intersubjektiv nachvollziehbare Ergebnisse zu erhalten.

3. PAYS DES FROMAGES

Das lat. Etymon CĀSEUS FORMATICUS ist sowohl Ursprung des heutigen deutschen Wortes *Käse* als auch des französischen *fromage*, wobei die von Rom peripher lokalisierten Sprachen wie das Spanische (*queso*), Portugiesische (*queijo*), Deutsche (*Käse*) und Englische (*cheese*) vom Kopf/Determinatum CĀSEUS (lat. 'Käse') ableiten, das zentrumsnähere Italienische und Französische hingegen über die vulgärlateinische Form des Determinans FORMATICUM (vlat. 'in der Form gemacht') den Weg zu *formage* bzw. *formaggio* finden (lat. FORMA ist in allen Bildungen noch transparent). Im 13. Jahrhundert werden im Französischen dann erstmals schriftliche Belege für das heutige *fromage* gefunden. Die vollzogene Metathese durch Vertauschen der Phoneme /r/ und /o/ lässt den ursprünglichen semantischen Bezug zur (Käse-)Form zumindest für heutige Sprecher des Französischen opak werden (vgl. Froc 2006: 9; Larousse Étymologie & Historique du français 2005: *fromage*; Etymologisches Wörterbuch der französischen Sprache 1969: *fromage*).

Frankreich gilt gemeinhin als "pays des fromages" (vgl. Froc 2006: Titel). Und der Beweis dafür, dass "en France plus qu'ailleurs" (Rey/Astier 2005: 1204) eine affektive Beziehung zwischen Produkt und Kultur besteht, liefert der Blick auf die Verbrauchsstatistik. Pro Jahr verzehrt der Franzose im Durchschnitt 24kg Käse und damit Pro-Kopf vier Kilogramm mehr als das deutsche Individuum. Frankreich platziert sich dabei in der Weltrangliste hinter Griechenland auf Platz zwei, Deutschland auf Platz fünf (vgl. C.N.I.E.L. 2009: 154).

Auch mit Blick auf den französischen Phraseologienschatz lässt sich eine fruchtbarere idiomatische Verwendung des Lexems im Französischen als im Deutschen konstatieren: *Entre la poire et le fromage*, als Verweis auf einen Konversationszeitpunkt in entspannter und "convivialer" Atmosphäre (im Übrigen lässt sich an diesem Sprichwort die bis Ende des 17. Jahrhunderts herrschende chronologische Inversion von *dessert* und *fromage* der Menüfolge feststellen), *Se retirer dans un fromage* (lexikalisiert aus LaFontaines Fabel *Le Rat qui s'est retiré du monde*) zum Ausdruck eines lockeren, arbeitsextensiven Postens sowie abschließend *Faire de qqc. (en faire) un fromage* als idiomatisches Pendant zum deutschen "einen Staatsakt draus machen" (vgl. Le Robert Dictionnaire d'Expressions et Locutions 1997: *fromage;* Froc 2006: 11-12). Im Deutschen fehlt eine funktional vergleichbare Verarbeitung des Lexems in der Idiomatik (vgl. hierzu Duden Wörterbuch der deutschen Idiomatik 2002: *Käse*).

Auch in der Art des Konsums gibt es kulturelle Divergenzen beider Länder:

> Le Français réserve aux fromages **une place obligée** dans le déroulement des repas principaux avec **une large diversité des goûts** et des subtiles associations avec des vins particuliers. [...] L'Allemand le recherche **à son petit déjeuner** [...], sous forme de pâtes cuites en tranches ou de **fromages à goût neutre et faciles à tartiner** (pâtes fraîches ou molles). Il l'associe aussi au repas du soir en tartines et pour des **occasions plus exceptionnelles** en plateau de fromages aux goûts très typés (Brunet 1987: 269; eigene Hervorhebung).

Die Integration des Käses in den Essensablauf ist in Frankreich gewissermaßen "institutionalisiert" und hat dort im Vergleich zu Deutschland "une place obligée".

In französischen Restaurants heißt es *Fromage ou Dessert* (Le Dictionnaire Culturel en langue française: 1205) und auch in französischen Familien ist die Integration von Stückkäse nach dem Abendessen keine Seltenheit, während für die Käseplatte in Deutschland "des occasions plus exceptionnelles" Voraussetzung sein müssen. Interessant sind auch die essentialistischen Zuschreibungen aus dem Zitat, welche dem Franzosen die Rolle des kulinarischen Käsegourmets ("une large diversité des goûts") beschert, während der deutsche Geschmacksinn mit der Vorliebe für "fromage à goût neutre" deutlich schlechter weg kommt.

Hat der Käse in Frankreich seinen Platz ab dem 20. Jahrhundert vor dem Dessert (vgl. Froc 2006: 12) oder allenfalls auf dem Baguette (vgl. Brunet 1987: 269), sind die Konventionen in Deutschland weniger fest etabliert. Käse ist durchaus keine Seltenheit beim deutschen Frühstück, was in starkem Kontrast zum "süßen" Frühstück Frankreichs mit *brioche*, *confiture*, *croissant* etc. steht.

Doch auch in Frankreich ändert sich die Tradition, Käse nur vom Stück zu dekupieren. Die Kühlregale werden seit geraumer Zeit auch dort von diversen Darreichungs- und Konsistenzformen wie *tranches*, *blocs*, *bûchettes*, *fromage pour apéritif*, *fromage râpé*, *fromage pour salade*, *crème à tartiner* überschwemmt, um neue Nischen zu besetzen. "Le segment du 'hors plateau' se développe tellement vite que même les fromages traditionnels essayent d'en profiter. [...] Seul créneau où le fromage aura du mal à se faire une place : le petit-déjeuner, traditionnellement sucré pour les Français" (Deluzarche 2008: 3). So wird ein- und dieselbe Dachmarke aus Kosteneffizienz lieber ausgeschlachtet und *à toutes les sauces* dekliniert anstatt neue, weil promotionsbedürftige Marken zu lancieren:

> 'Aujourd'hui, il est impossible de créer une nouvelle marque', confirme Hervé Béthoux, directeur de Bongrain, fabricant de *Caprice des Dieux* et *Chavroux*. 'Le ticket d'entrée est trop élevé'. Les industriels préfèrent donc miser sur des 'innovations' (nouveau packaging, déclinaisons...), qui permettent d'augmenter significativement leurs marges à moindres frais (Deluzarche 2008: 4).

Im innereuropäischen Vergleich ist Exportweltmeister Deutschland erstaunlicherweise auch bei Käse mit 900 000t der stärkste Exporteur, Frankreich folgt mit 300 000t Rückstand auf Platz drei. Im Import ist Deutschland ebenfalls führend, Frankreich importiert innerhalb der E.U. am fünftstärksten (257 000t (F) vs. 599 000t (D); 2008). Frankreich hatte im deutschen Markt 2007 einen Anteil von 18,6% - mit fast 20 Prozentpunkten Rückstand auf Deutschlands Käselieferanten Nr. 1, die Niederlande (vgl. C.N.I.E.L. 2009: 90; 140-141; 154). Frankreich ist der weltweit größte Exporteur von Weichkäse, deren Vertreter "le plus emblématique" (Froc 2006: 72) bekanntlich der Camembert darstellt (vgl. Brunet 1987: 274; 276).

Die Hauptkonkurrenz französischer Käse-Industrieprodukte sind die geschützten *Appellation d'Origine Contrôlée*, die nur selten im Kühlregal angeboten werden. Die industrielle Fertigung setzt um die Jahre 1950-1955 mit der *thermisation* ein "ce qui donne un goût plus neutre, de qualité plus régulière et qui se conserve plus longtemps" (Dionnet 1987: 112). Die Kreativität der Industrie, den qualitativ hochwertigen AOC[13] Käse zu imitieren und den Konsumenten in die Irre zu leiten, ist beeindruckend. Die größte außersprachliche Variable, die hierfür zur Verfügung steht, ist das Material der Verpackung. So gibt es imitierte Holzkist-

13 Für die AOC *Camembert de Normandie* stehen neben der "provenance géographique" 45% Fettgehalt bei 115g Trockenmasse, Produktion aus Rohmilch sowie regelmäßige "contrôles organoleptiques" (Geschmack, Konsistenz, Geruch etc.) im Kriterienkatalog (vgl. Dionnet 1987: 115).

chen von *Le Rustique* oder *Cœur de Lion*, den auf Stroh gebetteten *Le Paillé* oder den in Tannenrinde eingespannten *L'Écorce de Sapin*, um die Nähe zur Ursprünglichkeit herzustellen (s. Abbildung S. 86).

Für AOC Regionen gehört neben anderen Bedingungen vor allem das geographische Gebiet zum *cahier des charges* dazu. Für Camembert ist die vorgeschriebene *aire de production* beispielsweise die Normandie. Doch nur 6,4 % des in der Normandie hergestellten Camemberts trägt auch tatsächlich das AOC Label. Der Rest ergibt sich durch den so genannten *free-rider* Effekt, wo Unternehmen vom Prestige der Region profitieren (vgl. Dionnet 1987: 117). Für Camembert findet sich daher sehr oft auf der Verpackung "produit en Normandie" oder "produit en Pays d'Auge", ohne dass es sich hierbei um ein AOC Produkt handeln muss.

Ende der achtziger Jahre ließ sich nach einer Erhebung feststellen, dass 33% des Camembert-Absatzes der *grandes surfaces commerciales* durch industrielle Markenprodukte erzielt wurde, im Vergleich zu 17% durch regionale Marken, 8,5% durch Handelsmarken, und 12% durch *des produits non-pasteurisé*, also von Produkten traditioneller Herstellung, inkl. AOC (vgl. Dionnet 1987: 114). Die industriellen Markenprodukte haben also deutlich die Nase vorn. Es ist zu erwarten, dass eine Erhebung neueren Datums einen weiteren Anstieg der Markenprodukte am Marktanteil erkennen lassen würde.

Der Kult, der sich in Frankreich um den Käse als "patrimoine culturel de la ruralité" (*Dictionnaire culturel en langue française* 2005: 1205) und spezieller um den Camembert entwickelt, ist paradoxerweise eine späte Erscheinung, dafür aber eine, die mit den Gründungsmythen der *nation* zusammenhängt. "Il peut paraître saugrenu de rechercher les éléments de l'identité nationale dans une boîte de camembert. Cependant, personne ne contestera que le camembert soit devenu un symbole national [...]" (Boisard 2007: 16). Vor dem ersten Weltkrieg ist der Camembert noch nicht im ganzen Land bekannt, zwar durch die *révolution ferroviaire* bereits an Napoleon III verkostet worden (vgl. Froc 2006: 72), aber dennoch vor allem von der ländlichen Bevölkerung konsumiert. Im ersten Weltkrieg kommen durch die Proviantlieferung an der Front alle sozialen (männlichen) Schichten mit dem Camembert in Kontakt (vgl. Boisard 2007: 136).

> La guerre de 1914-1918 est une étape essentielle dans l'accession à la mythologie nationale. Cette guerre réalise l'union de tous les Français et la réconciliation de familles d'opinions opposées depuis la Révolution. [...]. Deux produits de la terre sont étroitement associés à cette ordalie républicaine, le camembert et le vin [...] (Boisard 2007: 149).
>
> De retour dans leurs régions d'origine ils réclament aux épiciers de leurs villages ce camembert qui leur rappelle ces brefs et précieux instants arrachés à la tourmente, ces casse-croûte pendant lesquels on plaisantait avant d'affronter à nouveau la mitraille [...] (ebd.: 149).

Camembert und Wein bekommen während des Krieges sakrale Wertzuschreibungen. "Le camembert n'est-il pas à l'hostie catholique [...] ce que le pinard est au vin de messe?" (Boisard 2007: 150). Die positiven Assoziationen des Camemberts als "soutien du moral des troupes" aus dem heimischen, nährenden Boden sowie die "accession au rang de produit national" (Boisard 2007: 152) kommen zwar der Bekanntheit des Camemberts zu Gute, die Tatsache, dass er ursprünglich aus der Normandie, angeblich aus den Händen einer gewissen Marie Harel und einem fahnenflüchtigen Pfarrer stammen soll, war durch die zur Versorgung der Truppen großflächig einsetzende Produktion allerdings in Vergessenheit geraten. Erst sehr viel später, im Jahre 1983, wurde das AOC Siegel der Normandie zuerkannt.

Dabei war Käse lange Zeit "un aliment trop quotidien et commun pour être magnifier [sic] comme un produit exceptionnel" (Thouvenot 1987: 216). Auch Zola beschreibt in *Le Ventre de Paris* "des désastres olfactifs rarement atteints en littérature" (*Dictionnaire culturel en langue française* 2005: 1294), indem dieser sich seitenweise über Gestank und Aussehen von Käse angewidert zeigt.

Interessant hierbei ist, dass bei den Käsemarken diese *France rurale* stark aufgewertet wird, um dem Käse Prestige zu verleihen, auch wenn vor ungefähr einem Jahrhundert diese aufwertende Lesart des Käses als banales *produit de pauvres gens* noch in weiter Ferne lag.

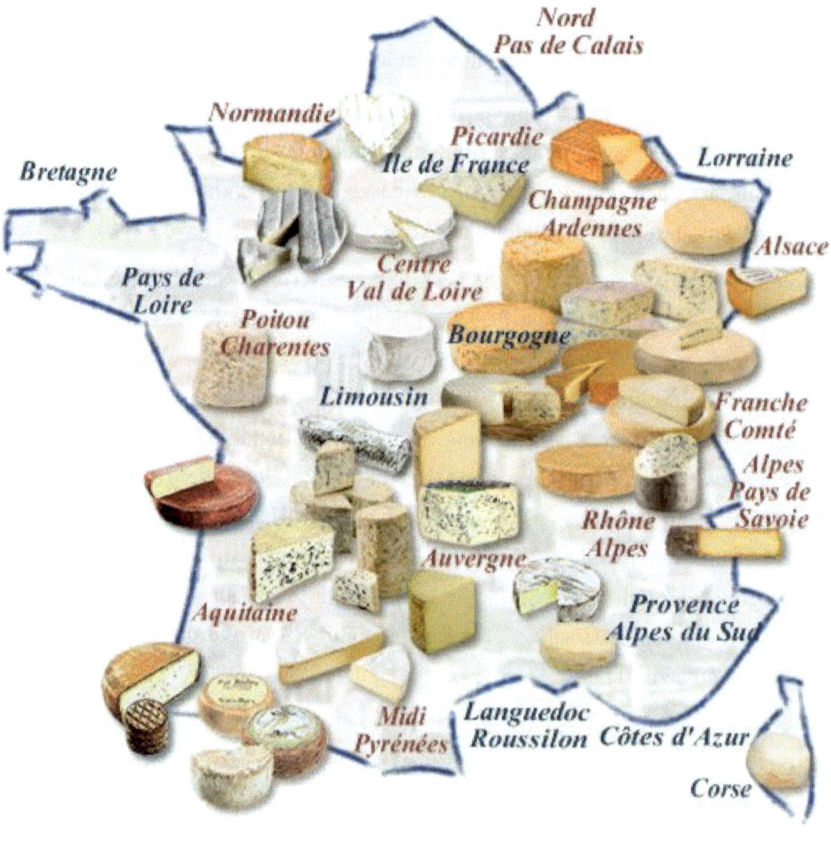

Abb. 1: Herkunftsgebiete der Käsesorten[14]

14 (s. http://www.lactalis.fr/prodlait_nouveau/infos_collecte/carte_aoc.htm)

4. EMPIRISCHER TEIL I: Tyronymstudie

4.1. Aufbau der Studie

Vorliegende Mikrostudie ist, zur Erinnerung, methodisch in dreierlei Hinsicht kontrastiv angelegt. Zum einen werden die Resultate der morphologischen Gebildetheit französischer Käsemarkennamen den allgemeinen morphologischen/morphosyntaktischen Strukturen französischer Markennamen (gemessen an Wolf-Rüdiger Mundts Dissertation (1981): *Wortbildungstendenzen im modernen Französischen. Untersucht an den 'Noms de marques déposés'*) gegenübergestellt. Zum anderen wird parallel geschaut, inwiefern die französischen Käsemarkennamen von den produktiven Wortbildungsmodi des französischen Wortbildungssystems divergieren oder mit ihnen konvergieren. Aus diesen beiden Vergleichen lässt sich dann ermitteln, inwiefern bei der Bildung französischer Käsemarkennamen konventionelle oder unkonventionelle Wortbildungsmuster zum Einsatz kommen und ob dies im Kontrast oder Einklang mit anderen, produktgruppenübergreifenden französischen Markennamen steht.

Drittens und letztens erfolgt in Kapitel 5 eine kurze Gegenüberstellung der Wortbildungsmuster französischer Käsemarkennamen mit denjenigen der Gallizismen des deutschen Marktes. Die zentrale Frage hierbei: Wie unterscheiden sich die morphosyntaktischen Strukturen "echter" französischer Markennamen von jenen, die Französität für Nichtmuttersprachler suggerieren wollen?

Im Anhang befindet sich eine Tabelle, in welcher jeder der 202 kompilierten französischen Käsemarkennamen einzeln analysiert ist und bei seltenem Vokabular die Bedeutung angegeben ist. Aus Gründen der Anschaulichkeit werden im Hauptteil nur die bereits kategorisierten Namen präsentiert.

Die Kompilation konnte mittels Recherchen in französischen Supermärkten und durch Zugriff auf die Datenbank des französischen Markenpatentamtes, des Institut National de la Propriété Industrielle[15] gewonnen werden. Bis auf zwei Marken sind alle Namen im französischen Markenregister eingetragen.

15 Schnellzugriff der Datenbank auf: http://bases-marques.inpi.fr/Typo3_INPI_Marques/marques_recherche_marques.html.

Im Korpus enthalten sind 9 Handelsmarken, 41 Einzelmarken sowie 34 Dachmarken, welche ihrerseits insgesamt 117 Produktmarken als zweites Glied im Namen führen (Beispiel: Paysange *L'Ortolan*; Président *Rondelé*, Apéricube *Panier de Campagne*). Im Anhang sind die Abhängigkeiten jeweils angegeben. Insgesamt sind also 75% der Namen zweigliedrig, d.h. sie bestehen aus der Dachmarke und einer weiteren Produktmarke. Diese recht große Zahl lässt sich durch das vorherige Kapitel 3 erklären, in dem auf die "impossib[ilité] de creer un nouvelle marque" hingewiesen wurde. Der Dachmarkenname wird also durch einen Produktmarkennamen ergänzt, bei dem der starke erste Name für den zweiten Namen bürgt. Im Patentamt sind aber in aller Regel beide Namen eingetragen und auf der Verpackung tritt die Dachmarke optisch zugunsten der Produktmarke deutlich zurück. Es können also beide Namen gleichwertig analysiert werden.

4.2. Silbenstruktur

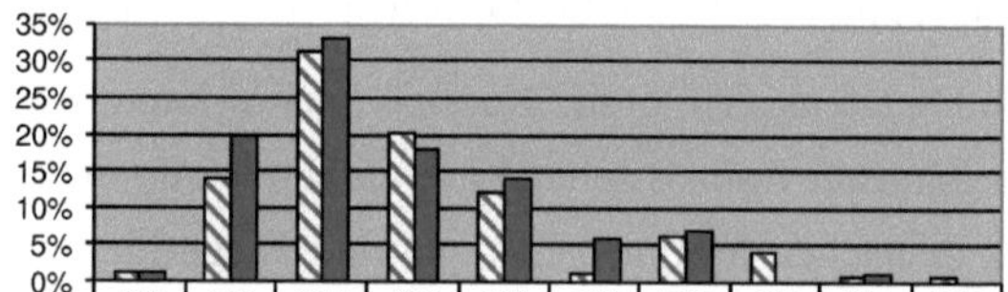

	1SB	2SB	3SB	4SB	5SB	6SB	7SB	8SB	9SB	10SB
mit e caduc	1%	14%	31%	20%	12%	1%	6%	4%	1%	1%
ohne e caduc	1%	20%	33%	18%	14%	6%	7%	0%	1,00%	0%

Abb. 2: Tyronyme – Silbenstruktur

Bei der Silbenzählung wurden zwei Zählweisen angewandt, jeweils einmal mit und einmal ohne Zählung des *e caduc*. In der Abbildung sind die Resultate beider Zählweisen aufgeführt. Es sind jedoch bis auf das leichte Anwachsen der Sechs- und Siebensilberkategorien keine eklatanten Unterschiede zu verzeichnen. Bei beiden Zählweisen beträgt die durchschnittliche Silbenzahl vier Silben (3,75 vs. 4,08).

In der Gesamtbetrachtung ergibt sich eine Dominanz der Dreisilber, gefolgt von zwei- und viersilbigen Strukturen. Nicht zu vergessen ist die für moderne Markennamen relativ hohe Zahl an Fünf-, Sechs-, und auch Siebensilbern, welche als Indiz für langgliedrige Strukturen aufgefasst werden können. Insgesamt bestehen 45% der Namen aus vier und mehr Silben (Durchschnitt aus beiden Zählweisen). Zum Vergleich sollen die von Wolf-Rüdiger Mundt ermittelten Silbenstrukturen für allgemeine Markennamen herangezogen werden. Eine Angabe der Zählweise ließ sich dort im Übrigen nicht finden. Für die Tyronyme gilt im Folgenden immer der Durchschnitt beider Zählweisen.

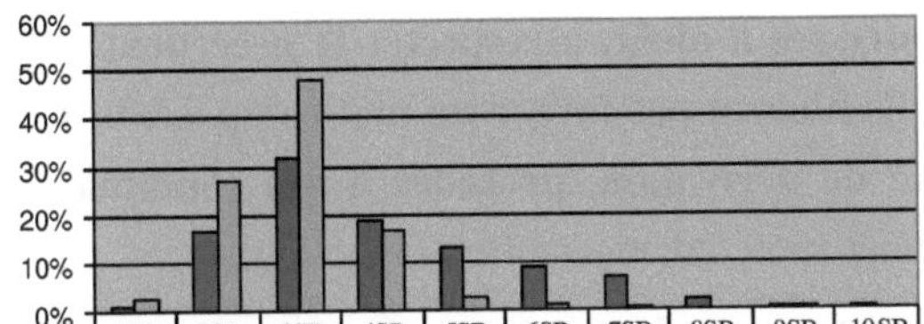

	1SB	2SB	3SB	4SB	5SB	6SB	7SB	8SB	9SB	10SB
Tyronym	1%	17%	32%	19%	13%	9%	7%	2%	0,50%	0,25%
Referenzstudie	3%	27%	48%	17%	3%	1%	0,50%	0%	0,05%	0%

Abb. 3: Tyronym/Ökonym – Silbenstruktur im Vergleich

Beim Vergleich der Silbenstrukturen fällt auf, dass die Mehrheit der Markennamen beider Studien zwar aus drei Silben gebildet ist, dass die allgemeinen Markennamen der Referenzstudie aber sehr viel stärker im Zwei- und Dreisilber Bereich aufgestellt sind als die Käsemarkennamen. Letztere dominieren die üblichen Markennamen bei den Vier- vor allem aber bei den Fünf, -Sechs- und Siebensilbern und sind somit stärker bei den komplexeren Silbenstrukturen vertreten. Die durchschnittliche Silbenzahl beträgt bei den Käsemarken vier Silben, bei den allgemeinen französischen Markennamen sind es drei. Mundt ermittelte durch Lemmata-Analysen im *Robert* eine durchschnittliche Silbenzahl von 2,7; die Tyronyme liegen angesichts der sprachökonomischen Erwartungen, die an Markennamen geknüpft werden, deutlich darüber (vgl. Mundt 1981: 32).

4.3. Morphologie

4.3.1. Einleitung

> Les Français n'osent plus parler leur langue parce que des générations de grammairiens, professionnels et amateurs, en ont fait un domaine parsemé d'embûches et d'interdits. Dans un monde qui change à un rythme chaque jour accéléré, les Français, comme tous les humains, ont sans cesse besoin de nouveaux mots et de nouveaux tours. **Or, on les a dressés à obéir, à respecter le précédent, à n'en innover en rien; ils n'osent pas forger un mot composé, utiliser librement un suffixe de dérivation, procéder à des combinaisons inattendues.** (Martinet 1969: 29; eigene Hervorhebung).

Martinet spricht von der Zögerlichkeit, die der französischen Wortneubildung lange Zeit nachgesagt wurde. Seit den 1940er Jahren stand das "problème de productivité" (Zwanenburg 1990: 72) im Zentrum der sprachwissenschaftlichen Diskussionen (vgl. ebd.: 12).

Nicht dass das Französische keine genuinen Wortbildungsmechanismen ausgebildet hätte, aber sie wurden vom Sprachpurismus während des 17. Jahrhunderts zu Gunsten der Entlehnungen aus klassischen Sprachen unterbunden. Wortneubildungen aus Antrieb eigener Kraft "par combinaison d'éléments préexistants dans la langue" (Martinet 1969: 17) konnten somit nicht gefördert werden (vgl. ebd.: 17-18). Diese scheinbare Unmotiviertheit bzw. Gelehrtheit französischer Wörter lässt sich mit Blick auf den Wortschatz heute noch bestätigen. "Le français est une langue où chaque mot doit être appris à part. [...]. Là ou l'allemand dérive, de *blind* 'aveugle', un substantif *Blindheit*, le français d'aujourd'hui présente le latinisant *cécité* [...]" (ebd.: 17).

Für die Untersuchung der französischen Käsemarkennamen ist es höchst interessant zu schauen, ob die Wortbildung der Markennamen in einem der wenigen Kontexte öffentlicher Sprachverwendung, bei der Kreativität zu Lasten des *bon usage* gefördert wird, mit diesem Stigma der trägen Wortbildungsaktivität auf revolutionäre Weise bricht. Die Freiheit und Innovation in der Wortbildung, die sich Martinet im Sinne von "combinaisons inattendues" ("forger un mot composé", "utiliser librement un suffixe de dérivation" etc.) wünscht, haben bei Markennamen die besten Chancen zur Umsetzung, da Normativität und Konventionalität hier ausdrücklich unterbunden werden.

Anlässlich der dem Französischen zugeschriebenen Defizite bei der Wortbildung, soll daher in der Studie sehr genau geschaut werden, inwiefern französische Käsemarken tatsächlich *neue* Wörter bilden, inwieweit die Tyronyme als Markennamen von ihrem Privileg, ihrem "pouvoir de violation et de désobéissance" (Grunig 1998: 241) Gebrauch machen und konventionelle Muster der *langue* durch innovative Wortbildungsmodi überwinden oder ob sie im Gegenteil die produktiven Wortbildungsmodi der Lexik reproduzieren.

Lassen sich im Vorfeld erste Hypothesen hinsichtlich der Nähe der Tyronyme zum Sprachsystem im Allgemeinen formulieren? Aus dem Theorieteil wissen wir bereits, dass Nasallaute und typische französische Suffixe von französischen Markennamen tendenziell gemieden werden. Somit liegt die Vermutung nahe, dass dieser Weg auch von Käsemarken gegangen wird. Doch haben wir ebenso gesehen, dass es sich bei Käse um ein Produkt handelt, das zu den Ursprungsmythen der französischen (kulinarischen) Kultur zählt, wäre es daher also nicht ebenso plausibel, dass die Käsemarkennamen ganz bewusst französische System-Strukturen reproduzieren, um durch lexikalische Nähe das genuin Französische zu wahren?

4.3.2. Abgrenzungsproblematiken

Der Präsentation der Ergebnisse muss zunächst noch die Klärung definitorischer Abgrenzungsschwierigkeiten vorangestellt werden.

Die Hauptproblematik bei der Analyse liegt in der Abgrenzung zwischen Syntagmen und syndetischen Komposita. Die Kontroverse der Einordnung von Komposita auf morphologischer Ebene (als Wort) oder auf syntaktischer Ebene (als Syntagma) hat seit dem 19. Jahrhundert ihren Platz in der französischen Lexikologie (vgl. Paillard 2000: 45ff; Schpak-Dolt 2010: 135-136). Neben Darmesteter (1875)[16]: "C'est à la syntaxe qu'appartient la composition" und Benve-

16 Darmesteter, Arsène (1875): *Traité de la formation des mots composés dans la langue française comparée aux autres langues romanes et au latin.* Paris: Champion. (= Bibliothèque de l'école des hautes études historiques et philologiques. 19).

niste (1967)[17]: "La composition nominale est une micro-syntaxe" (beide zit. n. Huot 2006: 26), plädiert auch Booij (2005: 83-84) speziell bei den syndetischen Komposita für die syntaktische Lesart.

Booij begründet die Klassifizierung der N + Präp + N Struktur als syntaktische Fügung einerseits mit der inneren Struktur der Wortgruppe, die durch präpositionale Verbindungen und Einhaltung der Determinatum-Determinans Reihenfolge auf syntaktischen Regeln beruhe sowie andrerseits mit der Pluralbildung, welche wie bei einer syntaktischen Fügung im Inneren (*salles à manger*) und nicht am Ende wie bei einem Wort (**salle à mangers*) vorgenommen werde (vgl. Booij 2005: 83).

> Certain lexical expressions in Romance languages are sometimes incorrectly called compounds although they have in fact a phrasal form. This applies to French *salle à manger* 'dining room' and *chambre d'hôtes* 'guest room'. The structures N à N and N de N are instantiations of the syntactic structure [N PP]$_{NP}$, a noun phrase consisting of a head N followed by a PP complement (Booij 2005: 83).

Auch in der Referenzgrammatik *Le bon usage* sind Konstruktionen wie *soldat de plomp* ('Zinnsoldat') oder *medaille d'or* ('Goldmedaille') unter "syntagme figé" klassifiziert. Bizarrerweise wird die syndetisch angeschlossene Konstituente als "complément déterminatif" oder "complément du nom" qualifiziert, wird aber auf der Ebene der *phrase* als "subordination" gelistet (vgl. *Le Bon Usage* 2008: 439-440).

Allerdings entsteht durch die Lexikalisierung ein hohes 'degré de figement' (Paillard 2000: 45). So heißt es beispielsweise *pomme de terre* und weder **pomme jaune de terre* noch **pommes de terre et de pin, assistante sociale* und nicht **assistante très sociale*, *coffre fort* anstelle von **coffre fort et lourd* etc. Komposita sind daher syntaktisch eingefroren sowie weder erweiterbar noch reduzierbar (vgl. Paillard 2000: 46; Schpak-Dolt 2010: 136), was somit für die Interpretation auf der morphologischen und eben nicht auf der syntaktisch-freien Ebene spricht.

17 Benveniste, Émile (1967): "Fondements syntaxiques de la composition nominale." In: *Bulletin de la Société Linguistique de Paris* 62.1, 15-31.

Sprachwissenschaftler wie Rohrer (1977)[18], Thiele (1993)[19] (vgl. Schpak-Dolt 2010: 136), Béchade (1992: 141), Weidenbusch (2003: 229), Huot (2006: 27) und Schpak-Dolt (2010: 135-136) klassifizieren den Strukturtyp N + Präp + N als (syndetisches) Kompositum. Diesem Verständnis schließt sich die Arbeit an.

Für die Markennamen ist das Stützen auf das lexikalische *figement* zur Begründung eines syndetischen Kompositums allerdings nicht möglich, da im Falle einer Lexikalisierung von einer lexikalischen Übernahme zu sprechen ist. Es soll sich in dieser Arbeit jedoch dann an die kompositionale Lesart des Strukturtyps N + Präp + N angeschlossen werden, sobald strukturelle Analogie zu den im Wortschatz attestierten N + Präp + N Bildungen besteht (und es sich auch wirklich um eine Neubildung und um keine Übernahme handelt). In der Tabelle folgen nun die georteten "Schablontypen" mit entsprechenden Beispielen von strukturell analogen französischen Tyronymen.

	Agglutinierung des Artikels	**A) Determinans im Singular :**	**B) Determinans im Plural :**
1) N+de+N :	*a) nein*	-chemin de fer, -pomme de terre > *Doux de Montagne* > *Chamois d'or* > *Cœur de Meule* > *Pain d'Ange*	-jardin d'enfants, -salle de bains,
	b) ja	-plat du jour -emploi du temps > *Filet du Pêcheur*	-élevage des porcs -table des matières > *Caprice des Dieux* > *Caprice des Anges* > *Suprême des Ducs* > *Crème des Prés*
2) N+à+N :	*a) nein*	-arme à feu, -avion à réaction > *Cœur à Coeur*	-brosse à dents -filet à papillons
	b) ja	-coq au vin -crème au beurre > *Camembert au four*	-tarte aux pommes, -boîte aux lettres > *Chaussé aux Moines*

Tab. 2: Kompositionale Strukturtypen mit Korpusbeispielen

18 Rohrer, Christian (1977): *Die Wortzusammensetzung im modernen Französisch.* Tübingen: Narr.

19 Thiele, Johannes (^{3}1993 [1981]): *Wortbildung der französischen Gegenwartssprache.* Leipzig: Langenscheidt.

Hierbei fällt auf, dass weder die obligatorische Agglutinierung von Präposition und bestimmtem Artikel ("Kontraktionsphänomen", Krenn 2003: 285) noch die Pluralform des Determinans valide Kriterien für ein Syntagma sind, wenn man sich als Heuristik für die strukturelle Analogie zu bereits bestehenden syndetischen Komposita entschieden hat. Ohnehin hat der bestimmte Artikel seine Funktion bei diesen hybriden Bildungen (*boîte aux lettres*, *crème au beurre* etc.) längst verloren. "S'il est vrai que, dans certains composés, l'article défini accompagne le substantif dépendant, cet article a un sens générique, c'est-à-dire qu'il ne désigne aucune entité nettement identifiable" (Béchade 1992: 141).

Die Gruppe der N + Präp + N Struktur stellt jedoch nicht die einzige Schwierigkeit bei der Abgrenzung zwischen Komposita und Syntagmen dar. So subsumiert Piller in Ihrer Dissertation *American Automobile Names* Namen wie *American Buckboard*, *Golden Rocket* oder *Commemorative Edition* unter *phrases* (vgl. Piller 1996: 99). Die Übernahme einer solchen Vorgehensweise wäre für die Untersuchung französischer Markennamen problematisch, da im Französischen Adjektiv-Nomen bzw. Nomen-Adjektiv Strukturen als produktive Komposita gelten, welche wiederum als Strukturmuster dienen können (*beaux-arts*, *belles-lettres*, *bande dessinée*, *chaise longue* etc.) (vgl. Schpak-Dolt 2010:139). Auch Mundt klassifiziert Kombinationen aus Adjektiven und Nomen als Adjektiv + Nomen Komposita (vgl. Mundt 1981: 30). Die vorliegende Arbeit schließt sich dieser kompositionalen Einordnung an. Das Tyronym *Petit Breton* ist somit ein Adjektiv + Nomen Kompositum und kein Syntagma.

Als Kriterien für die Zuordnung zu der Kategorie der Syntagmen gelten für diese Arbeit zwei Hauptrichtlinien: Dies ist zum einen der Nachweis eines bestimmten Artikels und/oder einer Präpositionalphrase.

Den bestimmten Artikel (Determinant) als konstitutives Merkmal des Syntagmas zu werten, entspricht der Auffassung von Soutet: "On peut partir de la règle suivante: SN [syntagme nominal] → Déterminant + Nom" (Soutet 1989: 15) sowie von Kleineidam: "Die NG [Nominalgruppe] hat die Struktur Det + N + (Mod.)" (Kleineidam 1990: 130).

Schwieriger hingegen erweist sich die Identifikation einer Präpositionalphrase, vor allem wenn es diese von einem syndetisch verbundenen Determinans abzugrenzen gilt. Eine Differenzierung kann jedoch gelingen, wenn das Sustantiv in seiner dichotomen Ausgliederung als entweder Onym oder Appellativum begriffen wird. Namen werden nämlich eher auf syntaktischer Ebene denn zur Kompositionsbildung auf morphologischer Ebene herangezogen, was das oben postulierte Prinzip lexikalischer Analogie bestätigt (*pomme de terre* (Appelativum) vs. *pomme de Pierre* (Onym)). Mit (nicht deonymisierten) Namen werden generell eher kurzfristige, lose Verbindungen im Gegensatz zum *figement* der Komposita eingegangen (deren Determinans in der Regel aus einem Appellativum besteht).

Dieses Argument wird nach der Präsentation der Syntagmatypen nochmals aufgegriffen und exemplifiziert.

-SYNTAGMATYP I:
Nominalphrase → Determinant + Nomen
Beispiele: *Le Rustique, L'Ortolan, Le Babydoz…*

-SYNTAGMATYP II:
Nominalphrase → Determinant + syndetisches Kompositum
Beispiele : *Le Bâtonnet de Fromage, La Crème de Caractère*

-SYNTAGMATYP III:
Nominalphrase → Determinant + Nomen + Onym
Beispiele: *Le Camembert Kergall, Le Père André*

-SYNTAGMATYP IV:
Nominalphrase → Determinant + Adjektiv + Nomen/Nomen + Adjektiv
Beispiele : *Les Petits Amis, Le Grand Sapin, Le Curé Nantais*

-SYNTAGMATYP V:
Nominalphrase → Nomen + Präpositionalphrase (Onym)
Beispiele : *Voyage en Toscane, Délice de Lanquetôt, Galet de la Loire*

-SYNTAGMATYP VI:
Nominalphrase → NP (Determinant + Nomen) + PP (Onym oder komplexe PP)

Beispiele: [$_{NP}$ *Le Crémeux*] [$_{PP}$ *du Jura*], [$_{NP}$ *Le Montagnard*] [$_{NP}$ *des Vosges*], [$_{NP}$ *Le Sapin*] [$_{PP}$ *du Haut-Doubs*]

-SYNTAGMATYP VII:
≥ Nominalphrase → Nominalphrase + subord.
Verbalphrase
Beispiele: [$_{NP}$ La Vache] [$_{VP}$ qui rit], [$_{NP}$ Ma p'tite Vache] [$_{VP}$ qui rit]

-SYNTAGMATYP VIII: Konjunktionales Syntagma
Beispiele: *En cas de Caprice*, *Pik et Croq'*, *Fromage et Cuisine*

Hier sehen wir zunächst eine steigende morphosyntaktische Komplexität von Strukturtyp I - VII (Typ VIII bleibt aufgrund der strukturellen Andersartigkeit aus dem direkten Vergleich ausgeschlossen). Zwischen den Typen I (*L'Ortolan*) und II (*Le Bâtonnet de Fromage*) besteht der Unterschied in der steigenden morphologischen/morphotaktischen Komplexität des Nomens. Das Nomen des zweiten Typs besteht aus einer syndetischen Komposition (*Bâtonnet de Fromage*) und ist somit morphologisch bzw. morphotaktisch komplexer als der Simplex von Typ I (*Ortolan*).

Nun zum Kriterium des Onyms als Konstituente einer Präpositionalphrase. Die Problematik der Unterscheidung von einer Präpositionalphrase und eines syndetisch verbundenen Determinans zeigt sich in der Abgrenzung von Typ II (*Le Bâtonnet de Fromage*) und Typ VI ([$_{NP}$*Le Sapin*] [$_{PP}$*du Haut-Doubs*]). Auch wenn sich formal beide Muster gleichen (D + N + Präp + N), fungiert die Präposition/das Nomen von Typ II auf morphologischer/morphotaktischer Ebene (NP → D + syndetisches Kompositum), das Nomen und die Präposition von Typ VI aber auf syntaktischem Niveau (NP → NP + PP). Wie lässt sich dies formal nachweisen? Morphologisch ist die Ebene des Nomens/der Präposition von Typ II deshalb, weil strukturelle Analogien zu bereits existierenden Komposita gefunden werden können. Blendete man den Artikel aus, läge ein syndetisches Kompositum vor. Bei Typ VI gibt es auf morphologischer Ebene hingegen kein analoges Beispiel, bei welchem das Determinans aus einem Onym besteht. Onyme fungieren eher zur Einleitung eines Genitivattributs (*Les Recettes de Mme Loïk*) oder eines Lokaladverbials (*Le Montagnard des Vosges*) auf syntaktischer Ebene.

Des Weiteren ist das Verhältnis der syntaktischen Glieder beim sechsten Typ "lockerer" als beim zweiten Typ. Fügte man ein Adjektiv an das jeweilige Nomen des sechsten Typs hinzu (z.B. *Le Sapin *Vert du Haut-Doubs*), wäre es sozusagen ein *élément en plus* auf der Syntaxebene. Bei Syntagmatyp II würde die morphologische Ebene des Nomens durch Hinzufügen eines Adjektivs zusammenbrechen, da es keinen produktiven Kompositions-Typus im Französischen gibt, der aus Nomen + Adjektiv + Präposition + Nomen besteht. Syntagmatyp II ist somit aus Determinant und Kompositum gebildet, die Präposition verbindet beide Nomen syndetisch auf morphologischer Ebene. Syntagmatyp VI gliedert sich in eine (beliebig erweiterbare) Nominalphrase und eine (beliebig erweiterbare) Präpositionalphrase. Die Präposition dient hier als syntaktisches Element zur Markierung einer Präpositionalphrase, die ein Onym enthält.

Bei dieser Unterscheidung handelt es sich gewiss um eine sehr feine Abgrenzung, denn Syntagmen sind diese Namen ohnehin in jedem Fall. Ziel war lediglich zu zeigen, dass das Nomen eines Syntagmas auch aus einem syndetischen Kompositum bestehen kann und nicht zwangsläufig aus einer Präpositionalphrase gebildet sein muss. Bei der Ergebnispräsentation kann dann geschaut werden, wie häufig oder wie produktiv diese Typen bei der französischen Käsemarkennamenbildung letztendlich sind.

Außerdem gilt es zwischen lexikalischen/onymischen Übernahmen und tatsächlichen Neubildungen zu unterscheiden. Zur Erklärung dieses Prinzips: *Brin de Paille* ('Strohhalm') und *Cœur de Lion* ('(Richard) Löwenherz') sind in erster Linie bereits existierende Bildungen der Lexik oder des Namenschatzes und werden daher nicht unter den Komposita gelistet. Denn der Arbeit kommt es darauf an zu untersuchen, ob eine bestehende Bildung einfach nur übernommen oder tatsächlich *neu* gebildet wurde. Dazu ist aber zu sagen, dass es derartige Grenzfälle kaum gab, wir also nicht in einem mikrostrukturellen Konflikt stehen.

Bei der Interpretation der Ergebnisse gilt es zu beachten, dass prozentual nur die "primären" Wortbildungsmechanismen verzeichnet werden und nicht diejenigen, die einem anderen Wortbildungsmechanismus untergeordnet sind (hier als "sekundär" bezeichnet). Dieses Problem ergibt sich in erster Linie durch die Syntagmen. *Le Sanglé* wird beispielsweise als Syntagma gelistet, obwohl das Nomen in der Mikrostruktur ein Derivativum ist. Diese Hierarchisierung ist notwendig, um eine Doppelerfassung zu vermeiden. Das gleiche Prinzip gilt für die Anzahl toponymischer Übernahmen in der Präpositionalphrase des Typs VI. Auch diese können nicht direkt unter den onymischen Übernahmen erfasst werden, weil sie in das größere Bildungsmuster der Syntagmen eingebunden sind.

Die Mikrostrukturen gehen uns dennoch nicht verloren, auf mikrostrukturelle Auffälligkeiten wird in jeder Rubrik hingewiesen.

4.3.3. Bildungsmuster

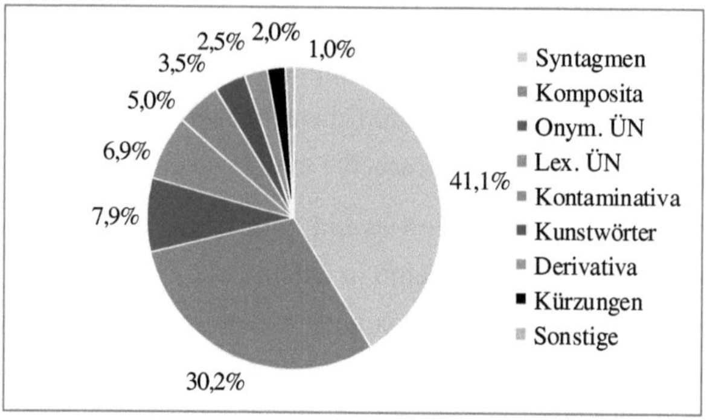

Syntagmen	41,1%	83
Komposita	30,2%	61
Onym.ÜN	7,9%	16
Lex. ÜN	6,9%	14
Kontaminativa	5,0%	10
Kunstwörter	3,5%	7
Derivativa	2,5%	5
Kürzungen	2,0%	4
Sonstige	1,0%	2
Σ	100%	202

Abb. 4: Tyronyme – Bildungsmuster

Die stark dominanten Bildungsmuster der französischen Käsemarkennamen sind Syntagmen (41%; 83/202) und Komposita (30%; 61/202). Beide machen bereits über 70% der Bildungen aus. Durch die Syntagmen wird eine hohe *morphosyntaktische* Komplexität der Namen generiert, die Ebene des Wortes wird von der Mehrzahl der französischen Käsemarken durch phraseologische Strukturen also deutlich überschritten. Mit den Komposita haben wir andrerseits aber auch eine hohe *morphotaktische* Komplexität, da von ihnen 43% aus syndetischen (Nominal)Bildungen hervorgehen (siehe Abschnitt *Komposita*). Beide Kategorien sind sehr reguläre Formen der Sprachverwendung, bei der vorhandene Wörter aneinander gereiht werden, ohne dass extragrammatische Strukturen entstehen.

Weit abgeschlagen folgen die onymischen und lexikalischen Übernahmen im einstelligen Bereich mit 8% und 7%. Zu diesem deutlich abgeschiedenen, zahlenschwachen mittleren Bereich zählen im weitesten Sinne noch die Kontaminativa (5%) dazu. Derivativa (2,5%) und Kürzungen (2%) befinden sich allerdings deutlich in Randlage.[20]

---

20 Die Kategorie "Sonstige" konstituiert sich aus einer onomatopoetischen Reduplikation (*Cric Crac*) und einer imperativischen Verbflexion *Roucoulons* ('lasst uns

Abzüglich 16 onymischen Übernahmen, einer fremdsprachlichen Übernahme und 7 Kunstwörtern sind 88% der Namen aus französischem lexikalischem Material geformt und semantisch transparent- sind also *word names* im Sinne Rooms und Eponymika nach Müller.

Im Folgenden werden die einzelnen Bildungsmuster konkret in den Fokus genommen.

Syntagmen sind mit 83 von 202 Bildungen (= 41%) und acht Subkategorien die größte und charakteristischste Gruppe von französischen Käsemarkennamen.

Wollte man die Syntagmen nach Komplexitätsstufen anordnen, würde sich wie in der Komplettauflistung aller Syntagmen im Anhang, ein Kontinuum von Typ I bis Typ VII mit steigender (morpho)syntaktischer Komplexität ergeben. Zwischen Typ I und II steigt die morphotaktische Komplexität auf Wortebene vom eingliedrigen Wort zum syndetischen Kompositum an. Zum gleich folgenden Vergleich der Komplexitätsstufen bleibt der letzte und achte Typ (konjunktionale Syntagmen) außen vor.

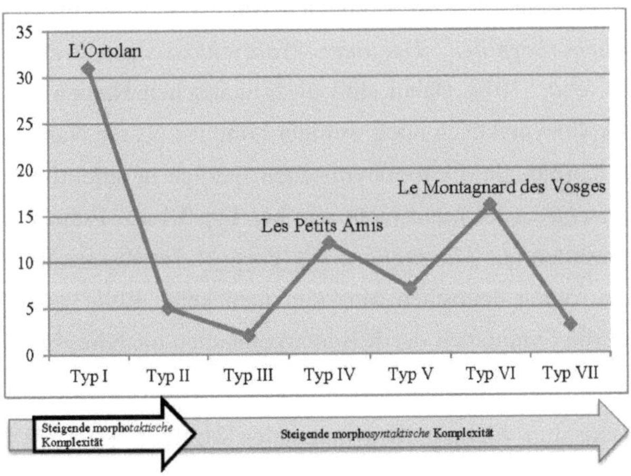

Abb. 5: Tyronyme – Morphosyntaktische Komplexität der Syntagmen

turteln'; zwei Tauben auf der Verpackung kontextualisieren den Ausruf und machen ihn kongruent).

Schaut man sich die Verteilung der Syntagmatypen und deren Komplexitäten an, fällt auf, dass der am wenigsten komplexe Typ I aus Determinant + Nomen (z.B. *L'Ortolan*) mit 31 Bildungen rund 37% (= 31/83) der Syntagmen ausmacht und damit an der Spitze steht. In Relation zum Gesamtkorpus stellt er immerhin 15% (= 31/202) der Namen.

An zweiter Stelle folgt mit 16 Bildungen der zweit komplexeste Typ VI ([$_{NP}$ *Le Montagnard*] [$_{PP}$ *des Vosges*]) mit respektiven 19% Anteil an den Syntagmen und nur noch 8% Anteil am Gesamtkorpus. Der dritthäufigste Typ ist der "mittel" komplexe morphosyntaktische Typ IV aus D + (Adj+N)/(N+Adj) (*Les Petits Amis*) mit 12 Bildungen, was knapp 14,5% der Syntagmen entspricht.

Doch darf hierbei nicht außer Acht gelassen werden, dass diese "mittlere" Komplexität der D + Adj + N Gruppe sich nur deshalb ergibt, weil es *noch* komplexere Formen gibt. Für einen Markennamen ist die Abfolge aus Determinant + Adjektiv + Nomen durchaus als langgliedrig anzusehen. Im deutschen Vergleich erinnert diese Struktur in Teilen an die "naiv gestalteten, ausführlich deskriptiven Namen" (Ronneberger-Sibold 2005: 101), die Ronneberger-Sibold bei den deutschen Markennamen von 1894 beobachtet hat (*Aechte Würzburger Rhabarberpillen, Dessauer Waldschlösschen, Bremer Börsen-Feder* etc) (vgl. ebd.: 101). Dabei sind diese deutschen Namen aus dem 19. Jahrhundert morphosyntaktisch noch weniger komplex als die Namen des Typs VI aus diesem Korpus, da die toponymischen Bezüge in adjektivischer Form (*<u>Dessauer</u> Waldschlösschen*) und nicht wie bei Typ VI aus Präpositionalphrasen hergestellt werden (*Le Montagnard <u>des Vosges</u>*). Interessant ist, dass Artikel auch in den frühen deutschen Markennamen keine Rolle gespielt haben, während sie für die Syntagmen der Käsemarkennamen unabdingbar sind (Ausnahme Typ V).

Es sollen nun die drei wichtigsten syntagmalen Strukturmuster im Einzelnen vorgestellt werden:

Typ I

D + lex. ÜN	D + Derivativum	D + Kreuzung
-L'Assortiment	-L'Onctueux (Konv.)	Le Babydoz
-L'Ortolan	-L'Ortolinet	
-La Bouille	-Le Moelleux (Konv.)	
-La Brique (x2)	-Le Paillé	
-La Crème (x2)	-Le Rustique (Konv.)	
-La Galette	-Le Sanglé	
-La Raclette	-Le Savoureux	
-Le Blue	-Le Cabrissac (Pseudo-Deriv.)	
-Le Bourrichon	-Le Crémiot (x2)	
-Le Brébiou		
-Le Chaudron		
-Le Chèvre		
-Le Merzer		
-Le Palet		
-La Portion		
-Le Roitelet		
-Le Vigneron		
-Le Châtelain		
		∑31

Tab. 3: Tyronyme – Syntagmen Typ I

Hier stellt sich die Frage, warum der bestimmte Artikel im Französischen diese Wichtigkeit besitzt. Denn es bestünde ebenso gut die Möglichkeit, Nomen als lexikalische Übernahmen ohne Grammatikalisierung bzw. Syntagmatisierung, die durch den Artikelgebrauch entsteht, auf direktem Wege zu entlehnen. Nomen werden aber nur halb so oft als lexikalische Übernahmen direkt (ohne Artikel) entlehnt. Lässt sich dieses Spezifikum durch die *langue* erklären? In der Tat ist die starke Tendenz des Französischen zum Gebrauch des bestimmten Artikels auch bereits von der kontrastiven Forschung beobachtet worden. In einem Vergleich französischer Litaraturtexte mit deren deutschen Übersetzungen ließ sich beispielsweise nachweisen, dass im Französischen das Generische durchgängig mit dem bestimmten Artikel markiert wird, während die deutschen Übersetzungen 2,5 Mal so oft auf die Artikelverwendung verzichten (Nullartikel) (vgl. Kielhöfer 2003: 277). "Im Deutschen bleibt die Nominalphrase oft unbestimmt, wohingegen sie im Französischen durch den Artikel explizit determiniert wird" (ebd.: 277). Dass der bestimmte Artikel in französischen Käsemarkennamen bevorzugt vorkommt, ist folglich als *calque* bzw. als Zeichen einer starken Respektierung der morphosyntaktischen Konvention des "artikelfreudigen" Sprachsystems zu werten. Dies ist insofern überraschend, als dass bei der Bildung von Markennamen kein Zwang zur Einhaltung grammatikalischer oder morphosyntaktischer Restriktionen besteht und im Gegenteil eine große Bildungsfreiheit ausdrücklich ermöglicht wird.

Ein weiterer Grund für den starken Artikelgebrauch ist darüber hinaus der Tatsache geschuldet, dass knapp 10% der Nomen dieser ersten Gruppe aus Nullsuffigierung (Konversion) hervorgehen, wo also durch Verwendung des bestimmten Artikels ein Adjektiv ohne Zuhilfenahme von Suffixen zur Wortart der Nomen transponiert wird. Der bestimmte Artikel erlaubt hier ein Eigenschaftswort zu nominalisieren und die gewählte Eigenschaft zu dem entscheidenden Charakteristikum des Namensträgers zu machen.

Insgesamt sind 60% der Nomen dieses ersten Syntagmatyps reine lexikalische Übernahmen und 30% Derivativa. Von diesen 30% Derivativa ist wie soeben beschrieben ein Drittel das Ergebnis einer Konversion (Nullsuffigierung).

TYP VI

Präpositionalphrase mit Toponym	Präpositionalphrase mit Ökonym	Sonstige PP
-La Baguette de Kernevel -Le Sapin du Haut-Doubs -Le Crémeux du Jura -Le Montagnard des Vosges -Le Délice de Bourgogne -L'Édel de Cleron -Le Fromager des Clarines -La Meule de Caractère du Pays Basque -Le Brin d'Affinois -Le Pavé d'Affinois -Le Pié d'Angloys	-La Couronne de Cousteron -Le Rond de Cousteron -Le Crémier de Chaumes	Patronym : -Les Recettes de Mme Loïk Komplexe PP : -Le Marbray aux sillons bleus
		∑16

Tab. 4: Tyronyme – Syntagmen Typ VI

Bei dem komplexeren Syntagmatyp VI (NP → [$_{NP}$ D + N] + [$_{PP}$ Präp + N]), welcher die zweithöchste morphosyntaktische Komplexitätsstufe repräsentiert, besteht die Präpositionalphrase neben der Präposition *de* zu 50% aus einem Toponym (*La Baguette de Kernevel*, *Le Sapin du Haut-Doubs*, *Le Crémeux du Jura*, *Le Délice de Bourgogne*, *Le Montagnard des Vosges*, *L'Édel de Cleron*, *Le*

Fromager des Clarines, *La Meule de Caractère du Pays Basque*). Explizit präpositional angefügte Dachmarkennamen (sozusagen inter-ökonymische Verweise) innerhalb des Produktnamens (*La Couronne de Cousteron*, *Le Rond de Cousteron*, *Le Crémier de Chaumes*) oder die Verwendung von Personennamen (*Les Recettes de Mme Loïk*) sind weniger häufig.

Kuriositäten dieser Gruppe sind die Bildungen *Le Secret d'Affinois* (analog hierzu *Le Brin d'Affinois*) und *Le Pié d'Angloys*. Hier ist die Frage, ob es sich um den Typus NP → Determinant + Kompositum (Typ II) oder um das Modell NP → NP + PP (Typ VI) handelt, zunächst nicht eindeutig zu klären. *Affinois* und *Angloys* sind zum Nomen transponierte Adjektive. Während letzteres tatsächlich existiert (*angloys* = Einwohner aus Anglet) ist *affinois* bzw. *Affinois* ein Neologismus. Durch Verwendung des Suffixes *–ois* ist dem französischen Rezipienten durch Analogien aus dem Wortschatz klar, dass es als Suffix für "noms désignant des zones territoriales auxquelles on peut reconnaître une identité culturelle" (Corbin 1992: 33) angewendet wird. So ist *affinois* analog zu *illinois*, *finois*, *chinois* etc. als "Identifikations-Adjektiv" einer geographischen/kulturellen Gruppe verständlich. Laut Gauger ist diese analogiebildende Form von Wortneubildung durch Rückgriff auf bereits funktionale Elemente (hier *–ois*) kreativ: "Die Sprache holt aus sich selbst etwas hervor, das sich schon in ihr befindet. Es ist dies eine der zahlreichen Manifestationen ihrer 'Kreativität'" (Gauger 1971: 54). In diesem Falle wären die *Affinois* also eine identitäre Gruppe, die sich (nach Dekodierung der Derivationsbasis *affiner*) mit der Reifung und Verfeinerung von Käse beschäftigt. Warum heißen die Namen aber dann nicht **Le Pié des Angloys* oder **Le Secret des Affinois*? In dem der Artikel sozusagen "entagglutiniert" wird und auf *de* bzw. *d'* reduziert wird, wird das transponierte Adjektiv selbst zur *zone territoriale* mit eigener *identité culturelle* erhoben, einer Art Dorfgemeinde. Diese Interpretation wird durch die ikonische Darstellung von mit Kirchtürmen versehenen Dörfern auf den jeweiligen Verpackungen unterstützt. *Affinois* und *Angloys* sollen hier folglich als Toponym auf Syntaxebene (Herkunftsort als Genitivattribut) interpretiert werden.

Typ IV

NP → D + Adj + N	NP → D + N + Adj
-Le Grand Affinage -Le Vieux Pané -Les Petits Fromagers -Les Petits Amis -Le Grand Sapin	-La Fromagerie Bio -La Bûche Fondante -Le Chèvre Gourmand -Le Curé Nantais -Les Bouchées Gourmandes -Les Fromagers Cantaliens -Les Fromageries Occitanes
	∑12

Tab. 5: Tyronyme – Syntagmen Typ IV

Das dritthäufigste Muster ist die Abfolge von Determinant, Adjektiv und Nomen (*Les Petits Amis*). Hier sind keine Auffälligkeiten festzustellen. Die Stellung des Adjektivs verhält sich nach der vorgegebenen Konvention der Grammatik. Das Verhältnis der Vor- und Nachstellung ist relativ ausgeglichen.

Vergleicht man diesen Typ mit dem davor beschriebenen Typ VI (NP → NP + PP) wird deutlich, dass zum Ausdruck geographischer Herkunft die Präpositionalphrase mit Toponym eindeutig produktiver ist als die adjektivische Umsetzung des Herkunftsbezugs. *Le Curé Nantais* ist das einzige Beispiel, welches auf die Präpositionalphrase verzichtet, um Herkunft auszudrücken (typischer wäre **Le Curé de Nantes*).

Weitere Beobachtungen:

Typ II, Determinant + syndetisches Kompositum (*Le Bâtonnet de Fromage*), ist nur in fünf Fällen produktiv (6% der Syntagmen). Es lässt sich folglich konstatieren, dass die Abfolge Determinant + Kompositum untypisch ist. Werden also N + N Komposita in französischen Markennamen gebildet, so bleiben diese 6 Mal so häufig ohne Determinant und somit ohne syntaktische Grammatikalisierung auf der rein morphologischen Ebene als Kompositum bestehen.

Der artikellose Strukturtyp V, NP → N + PP (*_Reflets de France*), ist bei weitem nicht so produktiv wie Typ VI, welcher dem Nomen der Nominalphrase kataphorisch einen Determinanten voranstellt. Werden also Präpositionalphrasen verwendet, sind diese mehr als doppelt so häufig an eine Nominalphrase gebunden, die einen Artikel besitzt.

Am Schluss sei noch der komplexeste Syntagmatyp (Typ VII) als das *La Vache qui rit*- Phänomen vorgestellt. Zwar gibt es bei den Käsemarken nur drei Nachweise (die Dachmarke selbst und ihre *déclinaisons* wie *Ma p'tite Vache qui rit* oder *La Vache qui rit au Bleu*), allerdings ist die komplexe Struktur für einen Markennamen interessant. Im Französischen gibt es mit *La Pie qui Chante* ein weiteres Beispiel dieser Struktur, während im Deutschen solche Subordination innerhalb der Markennamen völlig unbekannt ist. Bei den deutschen und englischen Übersetzungen dieses Markennamens werden gerundivische Strukturen wie *Die lachende Kuh* oder *The laughing cow* verwendet, während im Spanischen das Relativpronomen in *La Vaca que ríe* erhalten bleibt. Der Artikel würde im Deutschen und Englischen also störender wirken als in den beiden romanischen Sprachen? Gibt es hierfür Erklärungen im Sprachsystem?

Tatsächlich hat Blumenthal bei der Kontrastierung französischer und deutscher Sätze im Französischen eine stärkere syntaktische Über- und Unterordnung nachgewiesen, sprich eine deutlich höhere Tendenz des Französischen zur Subordination in Nebensätzen (Blumenthal 1997: 25-30). Eine mögliche Erklärung für die Verwendung in französischen Markennamen könnte eventuell sein, dass Relativpronomen in der *langue* bereits usueller sind als beispielsweise im deutschen/englischen Sprachsystem und deshalb etwas weniger schwerfällig wirken. Gewiss müssten hierzu aber noch weitergehende Studien erfolgen.

Es sei noch darauf hingewiesen, dass der Name kein vollständiger Satz ist, da der Haupt"satz" *La Vache* nicht wieder aufgenommen und weitergeführt wird. Die Struktur kommt aber von allen Käsemarkennamen der Struktur von Sätzen sowie der reinen Syntaxebene am nächsten und ist für Markennamen ein bemerkenswertes Phänomen. Die Klassifikation dieser halbfertigen Struktur lässt sich begrifflich nicht hundertprozentig fassen. Hier sei die Struktur "Nominalphrase + untergeordnete Verbalphrase" vorgeschlagen.

Zusammenfassend lässt sich bei dieser Großgruppe sagen, dass die am wenigsten komplexe Struktur (Typ I, NP → D + N) prozentual dominiert. Jedoch darf nicht vergessen werden, dass die mittel bis stark komplexen Bildungen durch die starke Aufgliederung entsprechend gestreut werden. Durch diese hohe Dispersion verlieren sie als einzelne an quantitativer Aussagekraft. Bei einer Kumulation von Syntagmen mittlerer bis starker Komplexität halten sich die Kategorien der einfachen Komplexität (Typ I) und diejenige der mittel bis starken Komplexität alleine schon durch die Addition von Typ IV und Typ VI die Waage.

Der Artikel ist bei 83% der Syntagmen die Regel (morphosyntaktische Systemkonformität), Präpositionalphrasen bei 30% (Typ V + Typ VI).

Nach den Syntagmen ragen **Komposita** mit ihrer starken Präsenz als Bildungsmuster der französischen Käsemarkennamen hervor (30% = 61/202). Hierzu sei gesagt, dass eine Dominanz kompositionaler Bildungen für das französische Wortbildungssystem generell sehr untypisch ist. Komposita gelten seit jeher als privilegierter Wortbildungsmodus der germanischen Sprachen wie Deutsch und Englisch, wobei die stärkste Produktivität bei französischen Wortneubildungen im lexikalischen System traditionellerweise den Suffigierungen (Derivationen) zukommt (vgl. Schpak-Dolt 2003: 226; Weidenbusch 2003: 230). Diese Auseinandersetzung wird später beim strukturellen Vergleich mit dem Wortschatz noch näher beleuchtet werden. Die Einheit des einzelnen Wortes wird bei den Komposita stark eingehalten, da weder *soudure* noch *trait d'union*-Verbindungen (vgl. Huot 2006: 24-25) vorliegen.

N + N Komposita (32; 32/61 = 52%)		Adj+ N (28; 28/61 = 46%)		V + N
syndetisch Σ 26	asyndetisch Σ6	Adjektiv-Nomen Σ17	Nomen-Adjektiv Σ11	
-Crème des Prés	-Cloche Saveur	-Bon Mayennais	-Paysan Breton	-Croq'lait
-Camembert au four	-Filôfil	-Bon Sandwich	-Camembert Royal	
-Camembert de Campagne	-Création Fraîcheur	-Bonbel	-Carré Frais	
-Camembert de Caractère (x2)	-Cloche Fraîcheur	-Entremont	-Péché Mignon	
-Caprice des Dieux	-Babybel	-Fin Fou	-Pause Gourmande	
-Caprices des Anges	-Brebis Sensation	-Fol Épi	-Brique Affinée	
-Chamois d'Or		-Mini Caprice	-Cœur Tendre	
-Chaussée aux Moines		-P'tit Basque	-Cœur Complice	
-Cœur à Cœur		-P'tit Louis	-Duc Normand	
-Cœur de Meule		-P'tit Rond	-Patrimoine Gourmand	
-Coulommiers de Caractère (x2)		-P'tits Carrés	-Crème Gourmande	
-Crème de Camembert		-P'tits Triangles		
-Écorce de Sapin		-Petit Breton		
-Filet du Pêcheur		-Riches Monts		
-Tourrée de l'Aubier		-Spécial Sandwich		
-Meule de Campagne		-Triple Délice		
-Meule de Caractère		-Véritable Chaumes		
-Moulé de Campagne				
-Pain d'Ange				
-Panier de Campagne				
-Suprême des Ducs				
-Touche de Frais				
-Val d'Automne				
-Doux de Montagne				

Tab. 6: Tyronyme – Komposita

52% der Komposita sind Nominalkomposita, 46% sind Adjektiv + Nomen bzw. Nomen + Adjektiv Komposita.

Das produktivste individuelle Kompositionsmuster sind syndetische Komposita (Nominalkomposita), nach welchem 81% der Nominalkomposita gebildet sind (dies entspricht 43% aller Komposita und 13% aller Bildungen des Korpus). In 88% der Fälle wird die Präposition *de* der Präposition *à* vorgezogen. Das Kontraktionsphänomen, sprich Agglutinierung der Präposition mit dem Artikel des Determinans, findet nur bei einem Fünftel der syndetischen Komposita statt. Das am häufigsten verwendete Determinans ist *de caractère* (5), gefolgt von *de campagne* (4).

Mit Rückblick auf die Tabelle der Schablontypen des Abgrenzungskapitels lässt sich sagen, dass Typ 1)A)a (*chemin de fer*) ohne Agglutinierung der Präposition *de* und mit Determinans im Singular mit 17 Bildungen[21] am produktivsten ist, gefolgt mit weitem Abstand von 4 Bildungen[22] des Typs 1)B)b) (*tables des matières*) mit agglutinierter Präposition *de* und Determinans im Plural.

Ein zentraler Punkt ist die Respektierung des *ordre roman* (Paillard 2000: 48) von Grund- und Bestimmungswort: Sowohl bei den syndetischen[23] als auch bei den asyndetischen Nomen + Nomen Komposita wird die für das Französische und die romanischen Sprachen typische Abfolge Determinatum-Determinans (d.h. Grundwort-Bestimmungswort) durchgängig eingehalten.

Wie bereits oben erörtert wurde, verläuft die Grenze zwischen syndetischen Komposita und Syntagmen oft nur auf einem schmalen Grad. Auch bei den Adjektiv + Nomen Bildungen entscheidet in aller Regel der bestimmte Artikel über die Zuordnung zu den Syntagmen und *vice versa.*

Rufen wir uns an dieser Stelle die These von Ronneberger-Sibold (2004) aus dem theoretischen Grundlagenteil dieser Arbeit ins Gedächtnis, welche besagte, dass reguläre Komposita (*Staubblitz, Sahnefee* für das Deutsche) als moderne Warennamen unüblich wären, da sie "hausbacken" und "unmodern" wirkten (Ronneberger-Sibold 2004: 577). Die Unüblichkeit regulärer Komposita lässt

21 Meule de Campagne, Camembert de Campagne, Camembert de Caractère (x2), Coulommiers de Caractère (x2), Cœur de Meule, Panier de Campagne, Touche de Frais, Meule de Campagne, Val d'Automne, Chamois d'Or, Pain d'Ange, Écorce de Sapin, Crème de Camembert, Moulé de Campagne, Doux de Montagne.

22 Caprice des Dieux, Caprices des Anges, Crème des Prés, Suprême des Ducs.

23 Es gibt bei den syndetischen Komposita eine Ausnahme mit dem Kopulativkompositum *Cœur à Cœur.*

sich bei den französischen Käsemarkennamen ganz klar nicht bestätigen. Diese sind alle regulär gebildet (sonst würden sie ohnehin unter Kontaminativa bzw. bei Ronneberger-Sibold unter 'extragrammatische Komposition' eingeordnet werden). Aber sind sie dann alle etwas *viellot*? Fakt ist, dass französische Käsemarkennamen in dieser Kategorie entgegen aller Freiheiten, die den Markennamen zur Verfügung stehen, die regulären Bildungsmechanismen des Wortschatzes reproduzieren und bevorzugen. Wie bei den Syntagmen ist diese Tendenz für Markennamen eher ungewöhnlich.

Auch was den 'Synthesegrad' (Ronneberger-Sibold 2007a: 203) zwischen den Elementen im Namen betrifft, ist dieser in Syntagmen und den regulären Komposita sehr gering. Die einzelnen Wörter/Wortgrenzen werden, wie es Syntax und Wortbildung vorsehen, nicht ineinander verschoben. Wörter werden *tels quels* nebeneinander gereiht und die morphologischen Entitäten respektiert. Ein geringer Synthesegrad ist ebenfalls typisch für ältere Markennamen. In deutschen Produktnamen hat die Trennung der Wörter über die Jahre stetig abgenommen und der Synthesegrad ist als Zeichen modernen Sprachgebrauchs in Markennamen gestiegen (vgl. Ronneberger-Sibold 2007a: 203). Die französischen Tyronyme laufen ausdrücklich gegen diesen modernen Trend.

Im kontrastiven Teil wird wie gesagt zu schauen sein, ob sich französische Markennamen generell "unmodern" verhalten, oder ob hier ganz bewusst eine rückwärtsgewandte Form der Markennamenbildung angewandt wird.

Onymische Übernahmen stellen mit 16 Onym - Entlehnungen den drittstärksten Rekurs innerhalb der *name names* dar (8%).

Der meist gewählte Onym - Typ ist die Gruppe der Ergatonyme (Anreiter verwendet den Begriff für 'Firmenname' vgl. Anreiter 2002: 315), die aus Patronymen hervorgehen. Sie machen fast die Hälfte aller Bildungen aus. Bis auf *Lincet* und *Badoz* sind dies alles Namen bereits aufgekaufter Familienunternehmen. Der Name wurde von den Großkonzernen aus Imagegründen (Patronym als Zeichen von Qualität und Tradition) beibehalten: *Bridel* [> Lactalis], *Boursin* [> Fromagerie Bel], *Le Petit* [> Claudel Rostang], *Fauquet* [> Bongrain], *Boursault* [> Bongrain]. Toponymische Entlehnungen werden für fünf Namen gebraucht (*Lanquetôt*, *Port Salut*, *Saint André*, *Rouy*, *Réo* (orthogr. Verfremdung des Toponyms Réaux). Alle Toponyme bezeichnen ländliche Kommunen, außer *Port*

Salut als Name eines bekannten, ehemaligen käseproduzierenden Klosters. Personnennamen werden nur für drei Käsemarken entlehnt: *Marie Harel* als die vermeintliche Erfinderin des Camemberts, *Sylphide* als weiblicher Luftgeist der Mythologie (für legeren Schmelzkäse) sowie *Lisbeth* zur Kennzeichnung elsässischer Produkte.

Wie bereits mehrfach erwähnt, gilt es zu beachten, dass Toponyme bei 50% der Syntagmen des sechsten Typs (NP → NP + PP) das Nomen der Präpositionalphrase stellen. Der mikrostrukturelle, sekundäre Wert ist also auch hier deutlich höher als auf den ersten Blick durch die primären Bildungen ersichtlich. Toponyme als geographisch verortbare Identitätsgrößen des Landes stellen einen wichtigen Faktor zum Ausdruck territorialer Verbundenheit sowie des französischen Charakters der Produkte dar. Der topographische und patronymisch-ergatonymische Bezug ist eher ein Charakteristikum für ältere Markennamen (vgl. Ronneberger-Sibold 2005: 101). Strategisch macht es natürlich ganz klar Sinn, warum die *terroirs* diese Produktivität erhalten. In Zeiten der Pasteurisierung ist das homogene Produkt überall herstellbar, der Zusammenhang zwischen Boden und Produkt verliert an Bedeutung. Die ausdrückliche Evokation von Toponymen und Ergatonymen soll dieser globalen Bewegung entgegen wirken und den Markennamen als ausdrücklich heimatverbunden erscheinen lassen.

Lexikalische Übernahmen werden 14 Mal zur Namenbildung entlehnt (7%). Sie sind allesamt Simplizia und haben nicht mehr als zwei Silben (*Crémier, Président, Brin de Paille, Gôuter, Plaisir, Érmitage, Chaumes, Tartare, Sveltesse, Révérend*). Mit Ausnahme von *Charcennay* (< *charcennais*) und *P'tit Déj* sind alle Namen orthographisch unverfremdet. Eine fremdsprachliche Übernahme aus dem Baskischen gibt es mit *Etorki* (bask. 'Herkunft', 'Abkunft', 'Abstammung'), eine regionalsprachliche Entlehnung mit *Capitoul* ('magistral municipal de Toulouse'). Pseudo-Regionalismen zählen zu den Kunstwörtern und werden später entsprechend aufgeführt.

Kreuzungen siedeln sich mit ungefähr 5% an fünfter Stelle der produktivsten Wortbildungsmodi an.

Von den insgesamt 10 "primären" Kontaminativa ist die Hälfte das Produkt einer Gelenk- oder Splitterkreuzung. Es sind überwiegend *mot-valise*, d.h. Wörter, die aus dem Wortanfang des ersten Wortes und dem Wortende des zweiten Wortes bestehen. Die Auffälligkeit bei den Splitterkreuzungen ist die rekurrente Verwendung des Adjektivs *doux* (siehe hierzu Abschnitt *Derivativa*). Wortkreuzungen als "attention getting devices" der Werbe- und Pressesprache (Altmann/Kemmerling 2000: 43) sind für französische Käsemarkennamen, die in ihrer Struktur den Gesetzen der französischen Wort- bzw. Satzbildung sehr stark treu bleiben, nur sehr mäßig aktiv.

	Splitterkreuzung	**Gelenkkreuzung**	**Halbvollkreuzung**	**Hybride Kreuzung**
Primär	-Fraidou (*frais* x *doux*) -Chavroux (*chèvre* x *doux*) mit Vokalwechsel von <è> zu <a>); mot-valise -Cantadou (< *cantal* (GN) + *doux*)	-Paysange (< *paysan* x *ange*) ; mot-valise -Bridélice (< *Bridel* x *délice*), mot-valise -Bridelight (< *Bridel* x *light*); mot-valise	-Apéricube (< *apéritif* x *cube*), mot-valise -Folifrais (< *folie* x *frais*, extragram., weil *frais* statt *fraîche* bei *la folie*), mot-valise	-Apérivrais (*apéritif* x *vrais*) ; *vrais* bereits Splitterkreuzung mit Gelenk „*rai*" aus *vrai* + *frais* →verschachtelte Splitterkreuzung
Sekundär			*Le Babydoz* (< *baby* + *Badoz*)	
				∑9

Tab. 7: Tyronyme – Kontaminativa

Die Kategorie der **Kunstwörter** stellt mit sieben Exemplaren nur 3,5% der Namen.

Kunstwörter	**Kunstnamen**
Istara, Chistou, Cousteron	St Môret, Saint Albray, St Agur, Lou Pérac
	∑7

Tab. 8: Tyronyme – Kunstwörter

Sie besteht aus 3 Kunst*wörtern* im engen Sinne und 4 Kunst*namen*.

Zu den Kunst*wörtern*: Neben *Cousteron* fallen Xenismen wie *Chistou* und *Istara* ins Auge, wo durch Verwendung der stummen Okklusivlaute /t/ das Regionale, im konkreten Fall das Baskische evoziert werden soll (vgl. Druetta 2008: 176). Die *–ou* Endung wird Druetta zu Folge systematisch eingesetzt, um auf stereotypische Art und Weise *das* Regionale zu evozieren (vgl. Druetta 2008: 162), auf diesen Punkt wird bei den Derivativa gleich kritisch einzugehen sein.

Stellt die Silbe *–ra* in *Istara* immerhin noch ein Infix des Baskischen da, wurde bei dem gewollt baskischen *Chistou* der Tatsache keine Beachtung geschenkt, dass es im Baskischen gar keine Wörter mit den Anfangsbuchstaben <C> oder <Ch> gibt (vgl. Wörterbuch des Baskischen 1999).

Die Kunst*namen* (Pseudo-Onyme bzw. "Pseudonyme") gibt es zum einen in der strukturellen Imitation von Toponymen und zum anderen in der von Personenamen.

Das Interessante an dieser Kategorie ist zu schauen, an welchen Originalen die *calques* vorgenommen werden. Die künstlichen Toponyme *St Môret*, *Saint Albray*, *Saint Agur* entstehen durch Analogie zu den prestigeträchtigen AOC- Bezeichnungen wie Saint-Nectaire und Saint Marcellin. "Sur ce modèle, les industriels de l'agroalimentaire peuvent créer de nouvelles appellations, avec un effet paradigmatisant qui permet de transférer les connotations positives (la noblesse des AOC) des premières sur les secondes" (Druetta 2008: 163). Es ist hier vorwiegend der strukturellen "paradigmatischen" Wiederaufnahme des Adjektivs *Saint* geschuldet, dass der nachfolgende "Ortsname" als solcher wahrgenommen wird und dass der Eindruck des Realen, des Ländlichen und Ursprünglichen in Anlehnung an die AOC entstehen kann.

Das Pseudonym *Lou Pérac* erinnert durch die auslautende Silbe *–ac* an eine Reihe von Toponymen aus der ländlich geprägten Region Aquitaine wie Trélissac, Marsac, Coursac, Boulazac. Durch die analoge Auslautbildung im *signifiant* des Kunstnamen soll beim Konsumenten das *signifié* der *campagne* evoziert werden. *Le Cabrissac* funktioniert analog. Es wird bei den Derivativa zu fragen sein, ob wir es hier mit einem "neuen", weil nicht in der Grammatik attestierten Suffix zu tun haben (vgl. Le Bon Usage 2008: 169-177).

Derivativa schlagen in aktuell untersuchtem Korpus mit nur fünf "primären" Bildungen zu Buche (*Brebicet*, *Toastinette*, *Rondelé*, *Ficello*, *Chèvretine*).

In untenstehender Tabelle werden in der ersten Zeile die primären und in der zweiten Zeile die sekundären (prozentual nicht erfassten) derivationalen Bildungen zusammengetragen.

	Null-suffigierung	-et/-ette	-é	-ot	-in/-ine	-o	-ois	-ac (extragr)	-ou (extragr.)
P	-	Toastinette Brebicet	„Rondelé“	-	Chèvretine	Ficello	-	-	-
S	-Le Moelleux -L'Onctueux -Le Savoureux -Le Crémeux du Jura -Le Moulé du Fromager -Le Rond de Cousteron	L'Ortolinet	-Le Sanglé -Le Paillé -Le Vieux Pané	Le Crémiot (x 2)			-*Affinois* in : -Le Pavé d'Affinois -Le Brin d'Affinois -Les Secrets d'Affinois -Fromagers d'Affinois	-*Le Cabrissac* -*Lou Pérac*	-Le Brébiou -Chistou (extr.gr.)

Tab. 9: Tyronyme – Derivativa

Alle Suffixe, außer *–ou* und *–ac* bei den sekundären Bildungen, sind im *Le Bon Usage* unter den produktiven Suffixen (*principaux suffixes*) des französischen Wortbildungssystems verzeichnet und sind somit in erster Linie konventionell (vgl. Le Bon Usage 2008: 169-177). Auf den zweiten Blick herrscht bei *Rondelé* und *Ficello*, um bei den primären Bildungen zu bleiben, ein anderer als der systemkonforme Gebrauch der Suffixe vor: Bei *Rondelé* wird etwa nicht von einer verbalen Derivationsbasis **rondeler* abgleitet, sondern die Endsilbe *–é* dient zur orthographischen Verfremdung von frz. *rondelet* ('mollig'). Auch bei *Ficello* wird das Suffix nicht zur Adjektivkomposition wie in *franco-allemand* oder *politico-culturel* herangezogen, sondern dient als romanisches Verfremdungssuffix der Basis *ficelle* ('Faden') (Produkt für Kinder mit entnehmbaren Käse"fäden"). Also sind zwei von fünf primären Derivativa nach näherem Hinsehen leicht extragrammatisch.

Zu den sekundären Derivativa:

Wie schon gesehen sind sekundäre Derivativa zur Nomengenerierung innerhalb der Syntagmen (vorrangig Typ I aber auch Typ VI) mehr als 3 Mal so produktiv. Von diesen ist allerdings die Hälfte das Ergebnis einer Nullsuffigierung (vgl. zur Einordnung unter den Derivativa Schpak-Dolt 2010: 102). Auffällig sind die Endsilben *–ou* und *–ac*, die nicht in der Grammatik als Suffixe verzeichnet sind.

Druetta sieht in der *–ou* Endung ein bewusstes Abkupfern regionalsprachlicher Vokalstrukturen und weißt deren Existenz bei französischen Franchise-

Bäckereien nach (*Moulin de Païou* und *Le Pétrin Ribérou* vgl. Druetta 2008: 162-163). Wie bei Käsemarkennamen handelt es sich um ein ursprünglich landwirtschaftliches Produkt. Neben den sekundären Derivativa *Le Brébiou* und *Chistou* lässt sich die Endsilbe auch kategorienübergreifend bei den Kontaminativa *Cantadou* und *Fraidou* (im weitesten Sinne auch noch beim Pseudonym *Lou Pérac*) feststellen. Haben wir es also mit einem neuen Markennamenmorphem zu tun, welches systematisch den ländlichen, regionalen Charakter "landwirtschaftlicher" Erzeugnisse zu evozieren versucht?

Dies ist aus zweierlei Gründen als kritisch zu betrachten.

Erstens, schaut man sich das vorliegende Korpus der Käsemarkennamen an, fällt auf, dass bei *Cantadou* und *Fraidou* die Endsilbe nicht nur aus *–ou*, sondern aus *–dou* besteht, welches auf eine im Kreuzungsprozess entstandene Kürzung von *doux* verweist. Auch bei *Chistou* ist eine Interpretation als Suffgierung problematisch, da es als reines Kunstwort nur schwerlich eine Derivationsbasis erkennen lässt. Es könnte hier allenfalls von einer "extragrammatikalischen Derivation" gesprochen werden (vgl. Ronneberger-Sibold 2004: 582ff).

Zweitens könnte die von Druetta formulierte These einer gezielten regionalsprachlichen Evokation etwas exaltiert anmuten, wenn man bedenkt, dass die Vokalfolge *–ou* bereits sehr häufig in französischen Lexemen vertreten ist und daher nicht genuin "regionalsprachlich" sein muss. Alleine für dieses Korpus ist sie die meist gewählte Vokalfolge in 16% der Namen, wo durch Rückgriff auf existierende französische Lexeme keineswegs von regionalen 'Xenonymen' (vgl. Koß 2008a: 140-141) gesprochen werden kann. Es ist nicht eindeutig zu beantworten, ob die Silbe *ou* im Auslaut einem regionalen Suffix gleichkommt. Sie wurde hier mit Stützung auf Druetta unter den neologistischen Suffixen aufgenommen, wirkt sich aber nicht auf die "primären" Derivativa aus.

Es sei hier noch das sehr wahrscheinlich aus dem Namenschatz (aus Toponymen und Patronymen) abgetrennte Suffix *–ac* erwähnt, dass in *Le Cabrissac* und etwas weiter gefasst auch bei *Lou Pérac* als wortbildend umgesetzt wird. Es ist nicht unter den produktiven Suffixen des Wortschatzes verzeichnet, soll aber durch Analogie zu bereits genannten ländlichen Toponymen ebenfalls unter die extragrammatischen Pseudo-Suffixe aufgenommen werden.

Bei den Derivativa lassen sich also Ansätze von Extragrammatikalität nachweisen. Wichtig ist außerdem, dass kein systematischer Einsatz von Markennamenmorphemen stattfindet.

Von den vier **Kürzungen** *Kiri*, *Kidiboo*, *Golo* und *Rambol* steht die Hälfte in Verbindung mit der Dachmarke *Kiri*, ihrerseits eine in Lautwertakronymen kodierte Aphärese von *La Vache qui rit*. *Golo* ist eine Aphärese, die darauf abzielt, mit der letzten Silbe der Dachmarke *Kiri* das Wort *rigolo* zu bilden. *Kidiboo* ist ähnlich wie *Kiri* das Resultat einer lautwertakronymischen Kodierung, hier des Satzes *qui dit boo!* (das Wortspiel wird durch die Kontextualisierung auf der Verpackung verstanden, auf der ein Gespenst abgebildet ist). Aber sowohl in *Kiri* als auch in *Kidiboo* findet eine "transcription phonique" statt "qui ne pourra être décrypté que lors de son actualisation phonétique" (Druetta 2008: 171). In beiden Fällen handelt es sich um *calembours*, die im Unterschied zum *palimpseste* ihre syntagmatische und phonische Reihenfolge nicht verändern, sondern nur auf Graphemebene eine Substitution vollziehen. Es gibt eine Reihe solcher *calembours* in französischen Markennamen (vgl. ebd.: 171-173).

Bei den Käsemarkennamen findet sich diese Art des Wortspiels nur bei Produkten mit Kindern zur Zielgruppe. Für den Rest der Käsemarken stünde das Wortspiel wohl dem rustikalen *caractère* entgegen und röche zu sehr nach absatzwirtschaftlichem/industriellem Duktus. Der Vollständigkeit wegen sei die letzte Kürzung dieser Kategorie erwähnt, nämlich *Rambol* als Apokope des Toponyms Rambouillet, einem Gebiet um Paris.

Auch hier gilt es die sekundären Kürzungen zu nennen, die sich allesamt unter der Verschriftlichung des im mündlichen Sprachgebrauch synkopierten *p'tit* von *petit* subsumieren lassen. Es gibt derer sieben Nachweise, außer *P'tit Basque* sind sie Produkte für Kinder (*P'tit Louis*, *P'tit Déj*, *Ma p'tite Vache qui rit*, sowie die von den Handelsmarken strukturell imitierten *P'tit Rond*, *P'tit Carrés*, *P'tits Triangles*).

Bevor die gewonnenen Erkenntnisse mit der Gebildetheit allgemeiner französischer Markennamen und den produktiven Strukturen der Lexik verglichen und vertieft werden, hier eine knappe Zusammenfassung des bisherigen Erkenntnisstands:

Französische Käsemarkennamen torpedieren durch die morphosyntaktische Komplexität bei der Großgruppe der Syntagmen (41%), durch die morphotaktische Komplexität der Komposita (davon 43% syndetische Komposita) sowie den daraus resultierenden geringen Synthesegrad in hohem Maße die sprachökonomischen Erwartungen, die im Allgemeinen an Markennamen gestellt werden. Der systemkonforme *ordre roman* wird bei den Komposita durchweg respektiert.

Platens These der Nachrangigkeit von Informativität lässt sich für Käsemarkennamen definitiv nicht bestätigen, da 88% der Namen aufgrund der starken lexikalischen Verwertung lexikalisch höchst transparent sind.

Echte 'Wortschöpfung' (Ronneberger-Sibold 2004: 575) und damit Kreativität nach Ronneberger-Sibold findet sich bei 5% Kontaminativa (extragrammatische Komposition), 3,5% Kunstnamen/-wörtern, 2% durch *transcription phonique* enkodierte Kürzungen. Diese 11% kreative Bildungen sind angesichts der 70% regulären Komposita und Syntagmen aber weder repräsentativ noch charakteristisch. Man bekommt lediglich einen Eindruck davon, auf welchem Wege französische Markennamen Kreativität entwickeln können, nämlich durch *mot-valise*, hauptsächlich Gelenk- und Splitterkreuzungen sowie durch lautwertakronymisch verformte Satznamen (*calembours*). Möchte man das Potenzial der Kreativität der französischen Sprache klarer verorten, müssen produktgruppenübergreifende Studien herangezogen werden.

Um konkretere Aussagen über das Verhältnis der Strukturen zu Bildungen des Wortschatzes und zu allgemeinen französischen Markennamen zu leisten, wird im Folgenden die kontrastive Sicht herangezogen.

4.3.4. Kontrastive Analyse

Wolf-Rüdiger Mundt fasst seine morphologischen Ergebnisse von 2422 französischen Markennamen folgendermaßen zusammen:

Abkürzungen	45,50%
Ableitungen	31,70%
Substantiv-Substantiv-Komposita	15,00%
Xenismen	11,00%
Hybride Bildungen	11,00%

Adjektiv-Substantiv-Komposita	2,30%
Komplexe Bildungen	3, 50%
Creationes ex nihilo	0,80%
Echowörter	0,20%
Regionalismen	0,20%

Tab. 10: Bildungsmuster nach Mundt 1981: 30

Auf den ersten Blick fallen im Vergleich zwischen makrostruktureller Studie und vorliegender mikrostruktureller Studie über die französischen Käsemarkennamen zwei große Divergenzen auf:

Zum einen zeugen Markennamen aus der Makrostudie bei weitem nicht von der gleichen morphosyntaktischen Komplexität wie sie für die französischen Käsemarkennamen charakteristisch ist: Es werden in der makrostrukturellen Referenzstudie weder syndetische Komposita nachgewiesen noch weisen die Namen syntagmatische Strukturen auf. Französische Käsemarkennamen sind morphotaktisch/ morphosyntaktisch also um ein ungewöhnliches Maß komplexer als der Durchschnitt der französischen Markennamen. Leider führt die Makrostudie nicht näher aus, welche Markennamen unter den 3,5% "Komplexe Bildungen" eingeordnet wurden, jedoch sind sie für das Korpus allgemeiner französischer Markennamen ohnehin nicht repräsentativ.

Zum anderen sticht ins Auge, dass **Abkürzungen** und **Derivativa** bei der makrostrukturellen Referenzstudie die beiden ersten Ränge belegen (respektive 45,5% und 31,7%), während sie bei den Käsemarkennamen mit je 2% und 2,5% eine deutlich untergeordnete Position einnehmen. Doch Vorsicht: Die Kategorie der Abkürzungen wurde in Mundts Dissertation sehr unsauber abgesteckt. Die Einheit besteht bei näherem Hinschauen größtenteils gar nicht aus Abkürzungen sondern aus Kontaminativa. Abkürzungen selbst stellen innerhalb der Kategorie "Abkürzungen" groteskerweise nur ungefähr 6,4% der Bildungen dar. Die Problematik sowie der Rechenweg, der zur Generierung dieser Zahl geführt hat, wird unter dem Abschnitt *Kontaminativa* nochmals ausführlicher skizziert.

Im Folgenden sollen Aspekte der Lexik den Vergleich ergänzen.

Es wurde bereits der Umstand angesprochen, dass die **Derivation** (genauer aber die **Suffigierung**) die produktivste Wortbildungsmethode des französischen

Wortbildungssystems darstellt (vgl. Schpak-Dolt 2003: 226; Weidenbusch 2003: 230). Unsere Käsemarken reproduzieren diesen Bildungsmodus nur sehr schwach. Bei Mundts Kompilation besteht die Hälfte der angegebenen 31,7 % Derivativa aus Suffigierungen, die andere aus Präfigierungen (vgl. Mundt 1981: 112). Dies ergibt einen ungefähren Anteil von 16% an Suffigierungen. Der Wert ist immer noch deutlich höher als bei den Tyronymen und ist somit rein quantitativ näher an den produktiven Wortbildungsmodi der Lexik orientiert. Schaut man sich aber die qualitative Ebene an, fällt bei Mundts Namen auf, dass sich im Bereich der Suffigierungen Markennamenmorpheme herausgebildet haben (*–or*, *–in*, *–ex*, *–ing*, *–matic*, *–lux*, *–tex*) (vgl. Mundt 1981: 137; 158). Dieses Phänomen lässt sich bei den Käsemarken nicht wieder finden. Gewiss gibt es extragrammatische Suffixbildungen mit *Rondelé*, *Ficello* (Suffix konventionell aber falsche Wortart) und eventuellen pseudoregionalen Bildungen auf *–ac* und *–ou* (Suffix inexistent), aber diese machen nicht einmal die Hälfte dieses ohnehin sehr schwach gebrauchten Bildungsmusters aus und wirken nicht derart fremd wie Markennamenmorpheme.

Die **Komposition** ist im Grunde kein typisch französischer Wortbildungsmodus, sondern eher charakteristisch für die deutsche oder englische Sprache (vgl. Ronneberger-Sibold 1997: 1789; Schpak-Dolt 2003: 226; Weidenbusch 2003: 230). Käsemarken sind mit mit einem Anteil am Gesamtkorpus von 16% Nominalkomposita und 14% Adjektiv-Nomen Komposita sehr stark in dieser Kategorie vertreten. Rein quantitativ entspricht dies nicht der geringeren Produktivität, welche die Lexik für diese Bildung bereithält. Die von Mundt nachgewiesenen französischen Komposita fallen mit 15% Nominalkomposita und 2,3% Adjektiv + Nomen Komposita, also mit nur insgesamt 17,3% ins Gewicht und entsprechen quantitativ/prozentual eher der geringeren Produktivität des Wortschatzes. Diese Nähe zur Lexik ist aber lediglich auf einer sehr oberflächlichen Ebene zu konstatieren. Denn schaut man sich die qualitative Mikrostruktur an, so fällt auf, dass sich allgemeine französische Markennamen stark von der Lexik wegbewegen, während die Tyronyme die gültige Konvention befolgen und somit in struktureller Opposition zu den produktgruppenübergreifenden Ökonymen stehen:

Zum ersten gibt es bei der Makrostudie *keine* syndetischen Komposita (vgl. Mundt 1981: 78-87, 93-101), bei den Käsemarken machen sie immerhin 81%

der Nominalkomposita und 13% aller Namen aus. Syndetische Komposita sind im französischen Wortschatz "jederzeit gebräuchlich" (Weidenbusch 2003: 229) sowie "extrêmement productif en français moderne" (Huot 2006: 25). Die Käsemarkennamen folgen hier, bis auf sechs asyndetische Komposita (3% des Gesamtkorpus), den Tendenzen, die im französischen Wortschatz für Komposita charakteristisch sind.

Zum andern weisen weit *über die Hälfte* der Nominalkomposita aus Mundts Makrostudie die invertierte Abfolge Determinans-Determinatum auf, welche für die romanischen Sprachen und das Französische unüblich ist und gemeinhin als Charakteristikum des klassischen Lateins, des Deutschen oder Englischen gilt (*type germanique*, Paillard 2000: 47). Die Käsemarkennamen folgen ohne Ausnahme der traditionellen französischen DM-DS Abfolge mit linksseitigem Kopf/Grundwort und rechtsseitigem Modifikator/Bestimmungswort und entsprechen somit auch in diesem mikrostrukturellen Aspekt der Konvention der Lexik.

Ronneberger-Sibold (1997) sieht in der Anwendung umgekehrter Dominanz-/Determinationsverhältnisse bei Komposita innerhalb französischer Markennamen einen bewussten *calque* des Englischen, um Fremdheit zu evozieren (vgl. Ronneberger-Sibold 1997: 1789; 1797-1798). "The foreign compounding pattern alone (which is probably considered as English) is quite sufficient to give a flair of **modernness** [sic] and dynamism to a trade name [...]" (Ronneberger-Sibold 1997: 1789; eigene Hervorhebung). Sowie etwas deutlicher an anderer Stelle: "The formation of compounds in which the determining element precedes the determined one [...] is probably in the first place considered to be English by native speakers of French" (Ronneberger-Sibold 1997: 1789). Somit wäre verständlich, warum die Käsemarkennamen die systemkonforme *déterminé-déterminant* Abfolge reproduzieren, nämlich um den Eindruck der Fremdheit durch morphologische Störreize bei dem genuin französischen Kulturgut abzuwenden.

Natürlich soll nicht behaupten werden, dass es im französischen Wortschatz keine asyndetischen Nomen + Nomen Komposita und solche mit der atypischen DS-DM Abfolge gäbe. Seit dem 20. Jahrhundert sind durch Einfluss des Englischen in Werbe- und Businesssprache diese Strukturen durchaus zu beobachten (vgl. Mundt 1981: 89; 107), jedoch ist die Produktivität bei weitem nicht mit der traditionellen und konventionellen Abfolge zu vergleichen (vgl. Weidenbusch 2003: 229). Wollte man mit Ronneberger-Sibold die asyndetische sowie die DS-DM Abfolge als modern bezeichnen, weil sie aus dem Englischen kommt (wobei sie streng genommen schon im klassischen Latein vorhanden war), so könnte man sagen, dass Mundt 1981 relativ früh solche modernen Strukturen in den Markennamen nachweist. Er prognostiziert in seiner Arbeit eine Zunahme dieses invertierten Musters für Markennamen und Wortschatz (vgl. Mundt 1981: 107). Für die konventionell gebildeten Käsemarkennamen lässt sich diese Tendenz weder bezüglich asyndetischer Bildungen noch - und dies in weit stärkerem Maße - hinsichtlich umgekehrter Determinationsverhältnisse bestätigen.

Bei den **Kontaminativa** ist Mundt, wie bereits angesprochen, eine Ungenauigkeit unterlaufen. Abgesehen davon, dass Termini wie 'Kontaminativa', 'Kreuzungen', 'Halbvollkreuzungen' oder 'Splitterkreuzungen' unverwendet bleiben, werden sie ohne ersichtlichen Grund einmal zu den Komposita und ein anderes Mal zu den Abkürzungen gerechnet. Gelenkkreuzungen finden sich genauso wie Halbvollkreuzungen in beiden Kategorien, teilweise werden dieselben Namen wie beispielsweise *abricognac* doppelt gelistet (vgl. Mundt 1981: 99 vs. 177).

Es ist also nicht nachzuvollziehen, warum eine derartige Doppelerfassung vorgenommen wurde. Prinzipiell gilt, dass die Kategorie der Abkürzungen bei Mundt diejenige ist, die am ausführlichsten Kreuzungsprozesse thematisiert und subsumiert. Es soll daher im Folgenden mit den Zahlen dieser Kategorie gearbeitet werden, obgleich eindeutige Mängel infolge einer inkonsequenten Zuordnung vorliegen. Kontaminativa zählen bei Mundt also in erster Linie zu den Abkürzungen. Da die absoluten Zahlen der produktivsten Kreuzungen angegeben werden, kann eine Mindestanzahl an Kontaminativa (nicht alle werden aufgeführt) von den Abkürzungen herausgerechnet werden und eine eigene Kategorie gebildet werden. Danach ergibt sich für Mundts Korpus ein Mindestanteil an Halbvollkreuzungen von 395/2422 = 16,3% und ein Mindestanteil an Splitterkreuzungen von 153/2422 = 6,32%. (vgl. Angaben ebd.: 181-182). Für Kontaminativa ergibt sich somit <u>mindestens</u> ein Wert von 22,62%. Eigentliche Kürzungen schaffen es mit Lautwertakronymen i.S.v. Ronneberger-Sibold auf 2,7%

und Apokopierungen auf 3,7%, macht in der Summe einen Anteil an Kürzungen von mindestens 6,4%.

Die initial hohen Werte der Kategorie der Abkürzungen wird bei Mundt also hauptsächlich von Kontaminativa gespeist und muss folglich berichtigt werden. Was wir durch die Aufspaltung nun sehen können, ist der hohe prozentuale Anteil an Kontaminativa bei den allgemeinen französischen Markennamen der Makrostudie (23%). Diese Tendenz steht wiederum im Kontrast zu den französischen Käsemarkennamen, welche mit nur knapp 5 % weitaus zögerlicher auf die Möglichkeiten eines kreativen Sprachumgangs (i.S.v. Platen und Ronneberger-Sibold) zurückgreifen. Quantitativ fehlt es den Käsemarkennamen an einem gewissen Mut zur Überschreitung gewöhnlicher Wortbildungsmodi und gegebener Wortgrenzen.

> Un 'mot-valise' est, linguistiquement, un objet de la plus grande impertinence. Depuis toujours, depuis l'école, nous sommes contraints dans l'usage ordinaire de la langue française, à l'oral comme à l'écrit, d'aligner les mots, sagement, comme des perles sur un fil (fil syntagmatique, diront les linguistes) (Grunig 1998: 59).

Die Respektierung dieses *fil syntagmatique* und die Anwendung gegebener morphosyntaktischer Strukturen des Sprachsystems wird von französischen Käsemarkennamen im Gegensatz zum Großteil anderer französischer Markennamen sehr genau eingehalten. Die Schwelle der *impertinence,* welche durch "imbrication, faire et défaire des mots" (Grunig 1998: 59) überschritten werden würde, bleibt für die französischen Tyronyme ein Tabu.

Lexikalische und onymische Übernahmen werden bei Mundt nicht erfasst, höchstwahrscheinlich weil keine kritische Menge nachgewiesen werden konnte. Entlehnungen sowohl aus dem lexikalischen wie auch aus dem onymischen Bereich sind folglich eher untypisch für allgemeine französische Markennamen, aber sehr wohl üblich für französische Käsemarkennamen (insges. 15%). Dies gilt im Besonderen für die salienten toponymischen Bezüge und die damit evozierte Heimatverbundenheit, die in vielen Markennamen von heute altmodisch und unmodern klingen, für die Käsemarken aber wichtig sind, um die Verbundenheit zu französischem Grund und Boden zu kommunizieren.

Kürzungen sind nach Herausrechnung der Kontaminativa bei den französischen Markennamen der Referenzstudie nicht mehr stark präsent. Hier unterscheiden sich die global erfassten Markennamen nicht von ihren Homologen aus der Käsetheke, weisen aber dennoch einen leicht höheren Wert auf (mind. 6,4% vs. 2%).

Auch bei den *creationes ex nihilo*, also den **Kunstwörtern,** stimmt die Makrostudie mit vorliegender ökonymischer Mikrostudie überein. "Die lexikalische Kreativität beschränkt sich offensichtlich auf bewusste bzw. unbewusste Manipulationen an schon vorhandenem Wortmaterial [...], lässt aber die creatio ex nihilo eine sehr seltene Ausnahme bleiben" (Mundt 1981: 159). Weiter oben wurde bereits auf die Relevanz des Parameters 'Information' hingewiesen. Bei französischen Käsemarkennamen wird auf *signifiant*-Ketten zurückgegriffen, mit denen der Rezipient einen konkreten Inhalt verbinden kann, auch wenn dieser eher assoziative als deskriptive Zwecke erfüllt (siehe gleich folgendes Semantikkapitel).

Hinsichtlich der lexikalischen Transparenz konnte Mundt 11% Xenismen nachweisen, bei den Käsemarkennamen gibt es hingegen jedoch absolut nur zwei fremdsprachige Übernahmen (*Etorki* und im sekundären Bereich mit *Le Blue*). Auch das unterstreicht noch einmal die Bedeutung der französischen Sprache bei betont nationalen Produkten in Zeiten globaler Märkte.

4.3.3. Wertung

Insgesamt kann festgehalten werden, dass französische Käsemarkennamen und allgemeine französische Markennamen starke quantitative und qualitative Divergenzen aufweisen. Quantitative Unterschiede liegen hierbei vor allem bei den in der Referenzstudie stark dominanten Derivativa und Kontaminativa sowie bei den im Tyronymkorpus stark repräsentativen Syntagmen vor. Morphotaktische/morphosyntaktische Komplexität ist also kein generelles Phänomen französischer Markennamen, sondern ein eindeutiges Charakteristikum französischer Käsemarken.

Qualitative Unterschiede zwischen beiden Studien ergeben sich neben eben erwähnten syntagmatischen Strukturen vor allem aus der Nähe der französischen Tyronyme zu den Gesetzmäßigkeiten des Wortschatzes (DM-DS Struktur, syndetische Komposita, Verzicht auf Markennamenmorpheme, geringe Anzahl an Kontaminativbildungen). Diese Nähe zur Lexik wird von den allgemeinen Markennamen signifikant nicht geteilt beziehungsweise regelrecht gemieden.

Zusammenfassend lässt sich sagen, dass sich die Strukturen französischer Käsemarkennamen *qualitativ* stark bis sehr stark von denjenigen üblicher Markennamen unterscheiden, da sie im Gegensatz zu letzteren die lexikalisch-morphologische Konvention des Wortschatzes befolgen, auch wenn dies nicht mit einer *quantitativen* Reproduktion der häufigsten Produktionsmuster einhergeht (Dominanz der Suffigierung sowie geringere Produktivität von Komposita in der Lexik, entsprechend umgekehrte Vorzeichen bei den Tyronymen). Allgemeine Markennamen reproduzieren nur rein *quantitativ* die produktiven Wortbildungsmuster, nicht aber in ihrer mikrostrukturellen Umsetzung.

Der Durchschnitt französischer Markennamen bewegt sich *qualitativ* von der Norm weg, französische Käsemarkennamen *reproduzieren* die *qualitativen* Strukturen des Systems.

Vergleichsobjekte / Wortbildungsmuster	**Lexik**	**Käsemarkennamen (Mikrostudie)**	**Französische Markennamen (Makrostudie**
Komposita	DM-DS; syndetisch	DM-DS, syndetisch	DS-DM, asyndetisch
Derivativa	Konventionelle Suffixe	Überwiegend Konventionelle Suffixe; keine Markennamenmorpheme	Markennamenmorpheme
Kontaminativa	(+)	+	+++

Tab. 11: Qualitativer Vergleich der Wortbildungsmuster

Doch ganz unbestritten ist dies Teil der Strategie von französischen Käsemarkennamen. Traditionalität und Authentizität kann am besten durch Einhaltung von konventionellen Strukturen und lexikalischer Transparenz vermittelt werden. Es soll in der Regel eben nicht der künstliche Modekäse kommuniziert werden. Industrielle Käsemarkennamen müssen gegen traditionell hergestellten Käse der AOC Regionen ankommen. Dass diese den Industriekäsen qualitativ überlegen sind, steht außer Frage. Und ein Produkt, das durch Qualität überzeugt, bedarf im Grunde keiner absatzwirtschaftlich ausgefeilten Wortexperimente innerhalb des Namens. Mit Mundt ließe sich sagen: "Der Wortkreation kommt demzufolge um so mehr Bedeutung zu, je ähnlicher das zu lancierende Produkt im Verhältnis zu den Produkten ist, die dasselbe Superonym subsumiert" (Mundt 1981: 18). Da sich die industriellen Produkte durch Pasteurisierung sehr stark ähneln, müssten sie folgerichtig eigentlich versuchen, durch ihren Namen die mangelnden Qualitätsunterschiede zu kompensieren. Durch kreative Wortbildung würde der Eindruck des Künstlichen, Kommerziellen und Industriellen aber geradezu forciert werden. Vergessen wir nicht, dass der Käse als ehemaliges traditionelles Handwerksprodukt rustikaler und uriger Natur ist und mit absatzwirtschaftlichem Wortwitz nicht viel gemein hat. Deswegen stehen die gewollte Einfachheit/Verständlichkeit der Namen sowie deren Ähnlichkeit zu Sätzen/syntaktischen Strukturen ganz bewusst im Vordergrund. Gerade durch die Verwendung der Nationalsprache soll eine gewisse *connivence* zwischen Produkt und Käufer durch das gemeinsame Band derselben Sprache geschaffen werden. "C'est donc le constat que ces produits parlent le même langage que nous qui suscite l'identification et l'adhésion" (Druetta 2008: 169). Durch die Manifestation einer *metalinguistic* (sprich einer *grammatical* und *morphological) competence* (vgl. Thornton 2000: 124-125) in Form von Syntagmen und syndetischen Komposita wird die Sprache und der richtige Umgang mit ihren Strukturen zum "statut d'élément identitaire" (Druetta 2008: 169). Natürlich soll damit nicht stipuliert werden, dass Normkonformität die einzige Realisierung von sprachlicher Metakompetenz darstellt. Es könnte auch ebenso diametral gegensätzlich gedacht werden: "Mais calembours et contrepèteries, mots-valises, charades, slogans, comptines manifestent tout autant et même plus que le discours conforme à la norme, la compétence linguistique des sujets parlants" (Yaguello 1981: Buchrücken). Es ist also schwer zu sagen, durch welche Form von Sprachverwendung Metakompetenz letztendlich zum Ausdruck kommt. Voraussetzung ist in jedem Fall der Rückgriff auf französische Lexeme, ohne die keinerlei Kompetenz erkenntlich gemacht werden kann.

Was bei den Tyronymen aber entscheidend hinzukommt, ist das Bewusstsein darüber, dass unkonventionelle Bildungen wie Wortspiele, Kontaminativa etc. strategisch nicht mit dem "bodenständigen" Produktkonzept übereinstimmen (Ausnahme Kinderprodukte). Dieses sprachliche Über-Bewusstsein denkt die morphologischen/morphosyntaktischen Bildungsstruktur mit der Wirkung verknüpft, welche diese Sprachform im Rezipienten hervorruft: Konventionelle morphologische Strukturen für gewollt traditionelle Produkte sowie "naive", langkettige Formen (in Verbindung mit Toponymen und Ergatonymen) in Anklang an ältere Markenstrukturen zum Ausdruck einer ländlichen "Naivität"/Ursprünglichkeit, welche die Handschrift von Marketing und Industrie in den Hintergrund drängen sollen. Bei den Käsemarken geht es nicht um Innovation sondern um Beständigkeit, Fortsetzung einer ländlichen Tradition, somit muss auch das Wortbildungsmuster entsprechend der Produktstrategie gewählt werden.

Kommen wir nun auf die anfangs bewusst polemisch gestellte Ausgangsfrage zurück: Inwiefern lässt sich die Zögerlichkeit bei der Wortneubildung, welche dem Französischen bis Anfang des 20. Jahrhunderts noch nachgesagt wurde durch die Bildungsmuster der Käsemarkennamen verwerfen? Tendenziell war davon auszugehen, dass Markennamen mit diesem Klischee auf revolutionäre Weise brechen, da ihnen viele strukturelle Freiheiten zur Verfügung stehen. Bei den Käsemarkennamen ergeben sich diesbezüglich einige Probleme: Zum einen bestehen 8% der Namen aus internymischen Referenzen, sprich Namenentlehnungen und 7% aus direkten lexikalischen Übernahmen. Es wird also in 15% der Fälle kein eigentlich neues Wort gebildet. Zum anderen darf die extrem hohe Zahl an Syntagmen (41%) nicht vergessen werden, welche im Prinzip das entlehnte lexikalische Material nur morphosyntaktisch in Relation setzen, dadurch einen Namen, jedoch kein neues Wort im eigentlichen Sinne bilden. Die Zögerlichkeit der Wortneubildung, die dem Französischen lange Zeit nachgesagt wurde, lässt sich bei den Käsemarkennamen bestätigen.

Die 11 % kreative Bildungen, welche die Wortgrenzen in Form von *mots-valise* oder Kürzungen überschreiten, sind quantitativ nicht mit der Einhaltung der Wortgrenzen und Anwendung vorgegebener Wortbildungsmuster bei regulär gebildeten Komposita (DM-DS Abfolge, syndetische Bildung) oder mit der Befolgung morphosyntaktischer Gesetzmäßigkeiten bei den Syntagmen zu vergleichen. Die Gesetzmäßigkeiten der Lexik werden von den französischen Käsemarkennamen befolgt.

Von Käsemarkennamen geht tendenziell keine "morphologische Innovation" aus, welche bei künftigen Wortbildungen im Wortschatz einen "Multiplikationseffekt durch Analogiebildungen" (Mundt 1981: 21) hervorrufen könnte. Die französischen kommerziellen Tyronyme sind für eine strukturelle Beeinflussung bzw. Neuerung lexikalischer Wortbildungsprozesse zu konventionell. Sie respektieren eher die bereits gegebenen Möglichkeiten der *langue*, als dass sie diesen einen Affront böten. Es könnte allerdings aufgrund der hohen Anzahl an Komposita die Frage gestellt werden, ob diese hohe Frequenz innerhalb der Käsemarken entweder als Indikator einer zukünftig steigenden Produktivität oder aber bereits als Produkt einer verstärkten Produktivität innerhalb der Lexik zu werten ist. Doch ist es schwer eine derartige Erhebung durchzuführen, da der Definitionsbereich eines (syndetischen) Kompositums in der Forschung nach wie vor nicht verbindlich festgegelegt ist.

4.9. Semantik

> La publicité de fromage de grande distribution exhibe le lien entre fromage et nature et l'exploite. Elle cherche à faire oublier l'arsenal technique en jouant sur l'image d'un produit naturel – et donc sain – et sur la tradition, par des allusions à un passé plus ou moins mythique, enfin sur la spécificité régionale, toutes valeurs menacées ou détruites [...]. Le *fromage*, en France plus qu'ailleurs, entre dans une mythologie du naturel et de l'authentique. S'en nourrir, c'est communier avec un paradis perdu (Dictionnaire culturel en langue française: 1203).

Dieses Zitat aus dem *Le Robert Dictionnaire Culturel* (2005) resümiert vortrefflich die semantischen Register, die bei den Käsemarkennamen gezogen werden, um Authentizität zu kommunizieren. Außer bei den Käsemarkennamen mit Zielgruppe der Kinder lässt sich ausnahmslos beobachten, wie ein Topos, eine Art *locus ameunus* einer mythischen Vergangenheit kreiert wird, wo Natur, Handwerkskunst, die *de père en fils* weitergegebene Tradition und Sorgfalt sinnbildlich für die gute alte Zeit eines landwirtschaftlich geprägten Frankreichs stehen, wo Technik und Industrialisierung noch in weiter Ferne liegen. Dass das *savoir-faire* durch die industrielle Produktion überhaupt erst bedroht und bis auf ein Minimum reduziert wurde, bleibt von den Markennamen natürlich unerwähnt. Die Suggestion des *bon vieux temps* verläuft über verschiedene semantische Felder, die nicht sehr weit auseinander liegen. Druetta (2008: 163) macht drei semantische Bereiche für französische Käsemarkennamen ausfindig, die sich auch in obigem Zitat wieder finden lassen: 1) *culture religieuse* ("France, fille aînée de l'Église", Druetta 2008: 163) 2) *l'origine géographique* und 3) *l'ancienneté du produit*. Es wäre lediglich noch das Kriterium 4) *nature* hinzuzufügen. Die Kategorien korrelieren untereinander sehr stark. Sehr selten wird mit einem Namen nur eine Kategorie alleine angesprochen, weswegen sie zu einem Cluster mit dem Hyperonym *l'authentique* zusammengefasst werden können.

Die Traditionalität und Konventionalität der Produkte, die bereits durch die morphologische Struktur zum Ausdruck kommt, wird nun auch *expressis verbis* von den semantischen Feldern inhaltlich gefüllt und in ihrer Wirkung potenziert.

Hier eine Illustration der semantischen Bereiche.

Culture religieuse: *Paysange, Ermitage, Révérend, St Môret, St Albray, Saint Agur, Port Salut, Saint André, Caprice des Dieux, Caprices des Anges, Chaussée aux Moines, Pain d'Ange, Péché Mignon, Le Curé Nantais, Le Père André,...*

Origine géographique : *Charcennay, Tartare, Etorki, Lou Pérac, Istara, Rouy, Petit Breton, Paysan Breton, Le Camembert Kergall, Tomme du Pays Basque, Reflets de France, Galet de la Loire, La Baguette de Kernevel, Le Sapin du Haut-Doubs, Le Crémeux du Jura, Le Délice de Bourgogne, La Meule de Caractère du Pays Basque, Les Fromagers des Clarines, Les Fromagers Cantaliens, Le Pié d'Angloys, Le Pavé d'Affinois,...*

Nature: *Chamois d'Or, Le Brébiou, Brin de Paille, Le Paillé, Meule de Campagne, Moulé de Campagne, Camembert de Campagne, Panier de Campagne, Filet du Pêcheur, Val d'Automne, Brin d'Affinois, Riches Monts, Fol Épi, Le Roitelet, Le Rustique, Le Grand Sapin, L'Écorce de Sapin, Brebicet, Brebis Sensation, Riches Monts, La Vache qui rit,...*

Ancienneté du produit : *Les Recettes de Mme Loïk, Boursault, Boursin, Fauquet, Lincet, Châtelain, Cœur de Lion, Crémier, Le Moulé du Fromager, Le Vieux Pané, Les Petits Fromagers, Marie Harel, Le Petit, Le Vigneron, Le Montagnard des Vosges, Maison Boursault, Cœur de Meule, Moulé de Campagne, Le Chaudron, Le Secret d'Affinois,...*

Abb. 6: Ikonische Untermalung des semantischen Assoziationsfelds 'Natur'

Abb. 7: Ikonische Untermalung des semantischen Assoziationsfelds 'Tradition'

Abb. 8: Ikonische Untermalung des semantischen Assoziationsfelds 'Religion'

Abb. 9: Ikonische Untermalung des semantischen Assoziationsfelds 'Regionalität'

Abb. 10: Authentische Verpackungsweise mit Baumrindenumrandung und Strohbett

5. EMPIRISCHER TEIL II: Gallizismen

5.1. Terminologie: Gallizismus/Xenismus

In deutschen Markennamen sind Prestigefremdsprachen traditionsgemäß ein beliebtes Mittel zur Evokation positiver und landestypischer Assoziationen (vgl. Ronneberger-Sibold 2005: 94).

Der Terminus 'Gallizismus' ist sowohl in der französischen als auch in der deutschen Sprachwissenschaft definitorisch unterschiedlich besetzt. In der französischen Linguistik bezeichnet ein Gallizismus "une tournure ou construction du français qu'il est impossible de traduire littéralement dans une autre langue" (Grand dictionnaire linguistique et sciences du langage 2007: *Gallicisme*) Als Beispiele werden Wendungen angeführt wie *se mettre en quatre, être sur les dents, il y a, voilà que, c'est...qui*. Im deutschen sprachwissenschaftlichen Verständnis steht 'Gallizismus' für Entlehnungen aus dem Französischen (wie *Pommes Frites, Polemik, Mode, Massaker* etc. vgl. Metzler Lexikon Sprache 2010: *Gallizismus*).

In dem Kontext dieser Arbeit bezieht sich Gallizismus auf die französischsprachige Realisierung eines Xenismus.

Der Begriff Xenismus (gr. ξένος, *xenos* 'fremd', 'Fremder') ist terminologisch nicht streng reglementiert. Bei Ehlich (1986) entsprechen Xenismen den Interferenzen fremdsprachiger Lerner, die sich durch die Übertragung muttersprachlicher Strukturen auf die Zielsprache als Nicht-Mitglieder, als Fremde der Sprechergemeinde ausweisen. In dieser Arbeit wird der Begriff weniger spezifisch gebraucht. "Immer geht es jedoch um etwas, das in der kontrastiven Betrachtung mindestens zweier Sprachformen als andersartig, fremd, abweichend auffällt" (Moser 1996: 14). So lassen sich Xenismen gemäß Moser als Phänomene beschreiben, die durch Imitation von Fremdem absichtlich (Pseudo-)Fremdheit ausdrücken.

Das Spannende hierbei ist, dass für uns Menschen nur dasjenige fremd sein kann, von dem wir bereits zumindest eine vage Vorstellung haben:

> Denn das Fremdsein ist eine [...] besondere Wechselwirkungsform; die Bewohner des Sirius sind uns nicht eigentlich fremd – dies wenigstens nicht in dem soziologisch in Betracht kommenden Sinne des Wortes –, sondern sie existieren überhaupt nicht für uns, sie stehen jenseits von Fern und Nah (Simmel 1992: 765).

Was nun die vage Kenntnis fremder Sprachen betrifft, so ist Europa durch die häufigen Kontakte zwischen verschiedenen Sprachgemeinschaften nach Coseriu eine privilegierte Kontaktzone, wo sich selbst mangels profunder Kompetenz automatisch eine grobe Repräsentation von der Sprache des Nachbarn ausbildet.

> Sogar der übliche Sprecher, der kein Fremdsprachenkenner ist, besitzt aufgrund der Traditionen seiner eigenen Gemeinschaft eine gewisse Kenntnis von anderen Sprachen, auch wenn diese Kenntnis nur sehr relativ und vage ist und mit den tatsächlichen Fakten der gemeinten Fremdsprache oft nicht übereinstimmt (Coseriu 1988: 148).

Gallizismen in Markennamen müssen also so konstituiert sein, dass sie der gewohnten fremden Vorstellung entsprechen, die der deutsche Sprecher über das Französische ausgebildet hat. Bevor im Folgenden geschaut wird, wie Französität sich in der Schrift für eben jene Zielgruppe mit vager Fremdsprachenkenntnis herstellen lässt, soll zunächst auf die wirtschaftlichen Anreize eingegangen werden, die eine französische Realisierung eines Käsemarkennamens überhaupt erst sinnvoll erscheinen lassen.

5.2. *Country of Origin Effect*

Studien haben herausgefunden, dass Käsehersteller bei der Vermarktung ihrer Produkte vor allem auf den *Country of Origin Effect* setzen (vgl. Pecher/Tregear 2000: 3-4). In der Studie "Brand name *à la française oui* but for the right product", ließ sich überdies feststellen, dass französisch ausgesprochene Namen dem Probanten das Gefühl gaben, dass es sich um ein Produkt mit hedonistischen Eigenschaften handelt (Sinnlichkeit, Ästhetik, Genuss, Erfüllung sensorischer Reize etc.), wobei englisch ausgesprochene Namen mit einem utilitaristischen Produktkonzept assoziiert wurden. Die französische Aussprache ließ darüber hinaus das Produkt als höher bepreist erscheinen (vgl. Leclerc et al. 1989:

256). Ein hoher Preis gilt im Marketing im Allgemeinen als Indikator einer hohen Qualität und eines hohen Exklusivitätsempfindens (vgl. Homburg/Krohmer 2003: 587). Gründe, warum die französische Aussprache solche Vorstellungen wachruft, sind in den Stereotypen zu finden, die sich in einer Gesellschaft verfestigt haben.

> The stereotype of the French, for example, includes, among other things, the belief that French people are distinguished from other nations by their aesthetic sensibility and good taste [...]. As a result, they [the consumers] will judge the appropriateness of the brand name for a particular product category based on the beliefs associated with the brand name and features of the product category (Leclerc et al. 1989: 253).

Da sich Käse in die Gruppe der hedonistischen Produkte einordnen lässt, kann eine positive Relation zwischen französischem Produktnamen und Genussempfinden etabliert werden. Durch französische Markennamen kann das Produkt mit hedonistischen Stimuli aufgeladen werden, um die positiven Werte, die bereits zwischen französischem Namen und der Kategorie Weichkäse bestehen (vgl. Pecher/Tregear 2000: 3) zu verstärken.

Wohlgemerkt handelte es sich bei der Studie von Leclerc et al. um die Aussprache. Typisch phonetische Interferenzen des französischen Sprechers verfügen bei naiven Rezipienten generell über ein besseres Abrufpotenzial zur Identifizierung französischer Sprachzeichen als die Schrift. Beispiele wären das Ausweichen auf das genuin französische Phonem /ʃ/ beim deutschen /ç/ in *ich*, Ausfall von /h/ bei *heute* oder *Harald*, Nasalphoneme, Prosodie etc. (vgl. hierzu Bratschi 2005: 60-61).

5.3. Kriterien

Welche Kriterien können für die Gallizismen auf graphematischer Ebene angesetzt werden? Wie Simmel treffend bemerkt hat, ist Fremde immer an Nähe gekoppelt. Die Namen dürfen sich also nicht zu weit von den stereotypen Fremdsprachenkenntnissen eines naiven Sprechers fortbewegen, sonst wäre Französität nicht wahrnehmbar.

Ein salientes Unterscheidungsmerkmal zwischen dem deutschen und französischen Schriftsystem sind ganz klar Diakritika wie Akzente (Akut, Gravis, Zirkumflex), die Cedille oder Ligaturen wie <œ> (vgl. Bratschi 2005: 68). Aus der Sicht eines Französischstudenten ist es ohne perzeptive Studien zur Schriftlichkeit schwer zu sagen, ab wann ein Nichtsprecher Französität erkennt. Da mir keine Untersuchungen zum *code graphique* bei naiven Rezipienten bekannt sind, schlage ich neben den Diakritika distinktive Graphemfolgen vor, die neben ihrer Opposition zum deutschen Sprachsystem größtenteils auf der graphematischen Umsetzung der mündlichen Besonderheiten beruht: Dies wären neben den Diakritika beispielsweise Silben, die Nasalität indizieren, sprich jegliche Folge eines Vokals und anschließendem <m> oder <n> (<ain>, <un>, <on>, <om>, <en>, <em>, <an> etc. zum Ausdruck der Nasalphoneme /œ̃/, /ɑ̃/, /ɛ̃/, /ɔ̃/), Doppelvokalfolgen in typisch französischen Digraphen wie <ou> und <oi> oder das <ch> Graphem als schriftliche Umsetzung des /ʃ/ Phonems (in Opposition zu deutschem /ç/). All diese primär graphischen Kriterien sollen nur ergänzend zu der eigentlichen morphologischen/morphosyntaktischen Untersuchungsebene eingesetzt werden, um die Namen nach auffälliger graphematischer Stereotypizität zu durchforsten. Eine Hypothese hierbei wäre, dass Gallizismen einen erhöhten Einsatz von Diakritika, distinktiven Nasalgraphemen, typischen Vokalfolgen etc. aufweisen. Auf morphologischer/morphosyntaktischer Ebene ist von einer geringeren Komplexität der Namen auszugehen.

Beim semantischen Abgleich wird vermutet, dass die Namengeber der Gallizismen auf Inhaltsebene nicht aus dem Vollen schöpfen (können), da der deutsche Verbraucher in den *signifiants* bekannte (stereotype) Fremdheit braucht und der semantische Ausdruck dadurch stark gehemmt wird.

5.4. Analyse

Aus Gründen der Anschaulichkeit ist die individuelle Namenanalyse wieder im Anhang verzeichnet und im Folgenden nur in der bereits klassifizierten Ordnung dargeboten. Die überwiegende Zahl der Gallizismen stammt aus deutschen Discountern. 42 von den insgesamt 61 Namen sind in Frankreich produziert (aber dort unter diesem Namen nicht angeboten).

Bei der Interpretation der Ergebnisse aus dem Gallizismus-Korpus muss natürlich immer noch im Hinterkopf behalten werden, dass mit 61 Gallizismen ein geringerer absoluter Wert vorliegt als bei den 201 original französischen Tyronymen. Es können daher nur *relative* Strukturwerte verglichen werden. Kommen wir nun zu einem kurzen Abgleich der Silbenstrukturen

5.5. Silbenstruktur

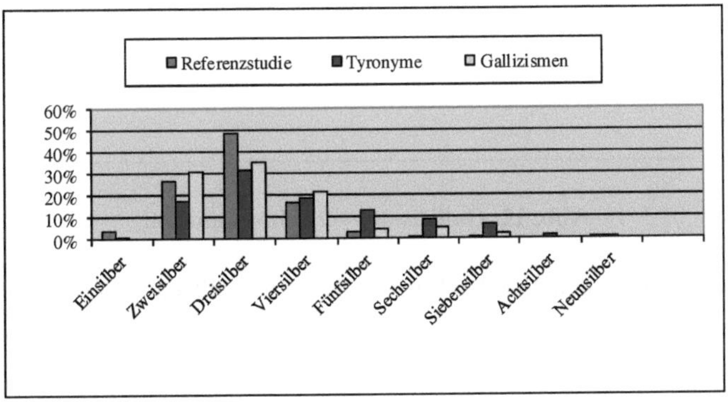

Abb. 11: Silbenstrukturen im dreifachen Vergleich

Die Gallizismen sind hinsichtlich der Silbenstruktur am stärksten im zwei-, drei- und viersilbigen Bereich vertreten. In diesen Kategorien dominieren sie die französischen Tyronyme, am stärksten davon im Zweisilberbereich. Gleichzeitig weisen sie jedoch ebenfalls eine erkennbare Präsenz im fünf- bis siebenstelligen Silbensegment auf, jedenfalls sind ihre Ausprägungen dort stärker als bei den allgemeinen französischen Markennamen. In Verbindung mit den stark präsenten Viersilbern sind langkettige Strukturen nicht völlig ausgeschlossen.

5.6. Morphologie/Bildungsmuster

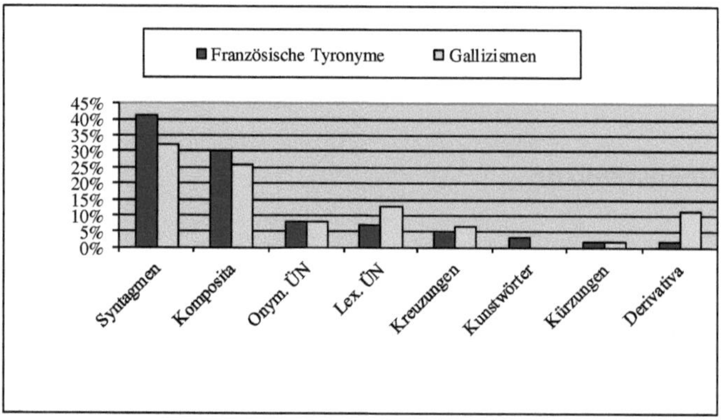

Abb. 12: Gallizismen – Bildungsmuster

Bei einem prozentualen Vergleich beider Korpora fällt nun auf, dass die dominanten Bildungen des Hauptkorpus, nämlich Syntagmen und Komposita, erstaunlicherweise auch bei den Gallizismen an oberster Stelle stehen. Bei den Komposita besteht ein Drittel aus syndetischen Bildungen, bei den Syntagmen dominiert wie bei den "Originalen" der Strukturtyp I (NP → D + N). Es gibt dort aber ebenfalls drei Nominalphrasen des Typs V und fünf Nominalphrasen des Typs VI, welche für die Ausprägungen im sechs- und siebensilbigen Bereich verantwortlich zeichnen. Es lässt sich also eine Kenntnis der onomastischen Strukturen des "Originalmarktes" konstatieren, schließlich sind syntagmale oder syndetische Bildungsmuster für Markennamen bei weitem weder ein intuitiv naheliegendes Muster, noch eines, das sich ohne grammatikalische Grundkompetenz realisieren lässt. Die Hypothese einer einfacheren morphologischen Gebildetheit ist also nicht signifikant nachzuweisen. Sehr wahrscheinlich ist diese unerwartete Tatsache darauf zurückzuführen, dass 100% der Syntagmen und 67% der Komposita Namen von Produkten sind, die in Frankreich produziert wurden. Ein onomastischer *know-how* Transfer ist also als wahrscheinlich anzusehen. Sind die Namen für deutsche Rezipienten dann überhaupt noch stereotypisch genug? Für Aussagen dieser Art muss die Mikrostruktur herangezogen werden:

Syntagmen

Der im Hauptkorpus am stärksten verzeichnete Bildungsmechanismus ist auch bei den Gallizismen mit 31% (zusammen mit 25% Komposita) eines der charakteristischsten Bildungsmodi.

Syntagma Typ I NP → D + N	Syntagma Typ V NP → N + PP	Syntagma Typ VI NP → NP + PP	Syntagma Typ VIII Konjuktionale Juxtaposition	Sonstige
-L'Original -L'Aromatique -Le Petit -Le Roux -Le Snack -Le Gourmet -Le Tartare -La Cabrette	-Lou de Provence -Spécialité du Pays Basque	-Le Bouchon d'Auvergne -Le Coq de France -La Sélection d'Amélie	Doux et Crémeux	Aux 2 moines Chez Pierre

Tab. 12: Gallizismen – Syntagmen

Um den größten Unterschied zwischen beiden Korpora aufzuzeigen, sei auf die Nomen des ersten, wie auch im Hauptkorpus dominanten Syntagmatyps verwiesen. So sieht man bei der Dachmarke *Président* sehr schön, wie einfachere und banalere Nomen für den deutschen Markt gewählt wurden: Bei *L'Original* und *L'Aromatique* existiert dasselbe Wort im Deutschen, *L'Aromatique* unterscheidet sich nur durch die Endung vom deutschen Äquivalent und kreiert somit eine "gezähmte Fremdheit" (Bratschi 2005:15). Bei Géramonts *Le Snack* kommt dem Artikel wie bei Présidents *L'Original* eine entscheidende Funktion zu, denn nur er entscheidet für eine französische Lesart dieser, dem deutschen Sprachsystem bereits geläufigen Nomina. Auch die französische Marke *Tartare* wird im Deutschen zum determinierten *Le Tartare,* womöglich ebenfalls um eine Distinktivität zum deutschen Sprachsystem zu gewährleisten. Diese Fremdheit ist durch die Analogie zum deutschen Wortschatz und durch lediglich Hinzufügen von französischem Artikel oder veränderter Auslautendung sehr leger.

Alle Nomen dieser Kategorie außer *Le Roux* und *La Cabrette* sind durch die Nähe zum deutschen Wortschatz semantisch transparent, *Le Petit* dürfte semantisch ebenfalls der vertrauten Vorstellung von Französität entsprechen.

Auch die Nomen der Nominalphrase des Typs VI überfordern den Konsumenten mit *Coq* oder *Sélection* nicht in seinen schematischen Vorstellungen.

Aux 2 Moines und *Chez Pierre* erinnern an Namen von Wirtshäusern, haben den Vorteil nicht langgliederig zu sein, gleichzeitig aber einen gewissen Inhalt anzubieten. Die Bildungen stellen eine Art Mittelweg von authentischer Struktur und verständlichem Inhalt dar.

Komposita & Kontaminativa

Die mit 25% Prozent vertretenen Komposita haben wie im Hauptkorpus die zweitstärkste Position inne.

Nominalkomposita (Σ 14)		**Adjektiv + Nomen (Σ 10)**	
asyndetisch (Σ 6)	**syndetisch (Σ 8)**	**Adj + N (Σ 4)**	**N + Adj (Σ 6)**
Père Michel Crème Bremont (Kont.) --------------------------- Extragrammatisch : Géramont Clémont Cremoselle	Chêne d'Argent Louis d'Or Duc de Cœur Ètoile d'Or Roi de Trèfle Cœur de Valérie --------------------------------- From'dor	Bon Chon (KW) Grand Caractère Grand Classique	Cavabel Crème Blanche Brebis Blanche Balance forte ------------------ Frombel

Tab. 13: Gallizismen – Komposita

Die Kontaminativa wurden in diesem Fall als extragrammatische Komposita mit aufgeführt, um Analogien besser sichtbar zu machen, zählen aber prozentual in die Kategorie der Kontaminativa.

Wie sich erkennen lässt, ist das Verhältnis zwischen Adjektiv + Nomen Komposita und Nominalkomposita wie im Originalkorpus relativ ausgeglichen. Auch hier dominieren bei den Nominalkomposita die syndetischen Bildungen mit der typischen, traditionellen Determinatum-Determinans Reihenfolge. Allerdings sind sowohl bei den asyndetischen als auch bei den syndetischen Komposita uneigentliche Kompositionen zu verzeichnen, bei denen ein Nomen – untypischerweise – mit einem Onym verbunden wird (*Coeur de Valérie*, *Louis d'Or*, *Père Michel*, *Crème Bremont*). Derartige Nachweise ließen sich im Hauptkorpus nicht finden. Wenn dort ein Name mit einem Onym verbunden wird, so geschieht dies durch Artikelverwendung auf syntagmatischer Ebene (Typ III, *Le Père André*), ist aber auch dort kein häufiger Strukturtyp. Die Verwendung typischer Vornamen (*Louis d'Or*, *Cœur de Valérie*) haben den Vorteil als leicht identifizierbare 'Xenonyme' auf das Sprachsystem zu verweisen, ohne dass Inhalt verstanden werden muss (vgl. Koß 2008a: 140-141).

Bei den Adjektiv + Nomen Komposita sticht die extragrammatische Verwendung von *bel* ins Auge. Bei *Cavabel* und *Frombel* ist *beau* zu *bel* reduziert, obwohl kein Nomen mit Vokalanfang folgt. Die Nachstellung entspricht ebenso wenig den grammatikalischen Normen. *Cavabel* ist ein typisches Beispiel dafür, dass im Namen zwei bekannte ausländische Wörter miteinander verbunden werden, die in Verbindung mit Käse keinen eigentlichen Inhalt produzieren.

Es liegt jedenfalls nahe, dass bei diesen Beispielen analog zu *Bonbel* oder *Babybel* vorgegangen wurde, ohne dabei zu merken, dass *Bel* dort ein Patronym/Ergatonym darstellt und kein Adjektiv. So einfach entstehen Schematismen einer stereotypen vertrauten Fremdheit. Auch bei *Crème Royal* fehlt im Übrigen die weibliche Flexionsendung des Adjektivs.

Die extragrammatischen Namen stammen nicht von französischen Produzenten.

Das einzige sekundäre Kunstwort im engeren Sinne ist *Chon* in *Bon Chon*. Durch die Analogie zu dem bekannten *Bon* soll durch die Reduplikation des Nasalgraphems und des <Ch> Graphems der Eindruck der Französität evoziert werden.

Einfaches und verständliches Vokabular ist bei den Adjektiven mit *bon*, *grand*, *bel* und *blanche* gegeben. Auch hier gibt es Nomen, die durch die Nähe zum Deutschen transparent sind (*Classique*, *Gourmet*, *Crème*). Die Konstituente -*mont* wird bei zwei primären und einer sekundären Kreuzung dreimal verwendet, höchstwahrscheinlich in Analogie zu *Géramont* als bereits bekannte Fremdheit. Im französischen Hauptkorpus lässt sich -*mont* außer bei *Riches Monts* nicht nachweisen.

Die Kontaminativa des Hauptkorpus unterscheiden sich von den Kontaminativa der Gallizismen insofern, als erstere deutlich klarer in ihre inhaltlichen/lexikalischen Bestandteile segmentierbar sind. *Gérard + mont*, *Clément + mont*, *Bremont* (Kunstwort + *mont*) machen semantisch weitaus weniger Sinn als die aus echten Lexemen bestehenden *Apéricube* (< *apéritif* x *cube*),

Sacrémeux (< *sacré* x *crémeux*), *Paysange* (< *pasyan* x *ange*) oder *Fraidou* (*frais* x *doux*).

Dem Determinatum *-mont* kommt in diesen Fällen fast schon ein Markennamenkonfixstatus für die Produktgruppe "Französischer Käse" im deutschen Markt zu.

Lexikalische Übernahmen

Analogie zu deutschen Wörtern	Ohne Analogie
-Paladin -Escapade -Champignon -Domédictin -Paradis -Suprême -Sélection -Romance -Caractère	-Couronne

Tab. 14: Gallizismen – Lexikalische Übernahmen

Die lexikalischen Übernahmen der stark dominanten linken Spalte sind für deutsche Sprecher so wie die Nomen des ersten Syntagmatyps durch Analogie zum deutschen Wortschatz zu 100% transparent. Auch hier wird neben dem französischen Putz (diakritische Zeichen, Endlautnuancen bei *Caractère*) der Inhalt durch Bezug zum Deutschen ermöglicht. Der Fremdheitsgrad ist dadurch aufs Minimale reduziert.

Die **Derivativa** schlagen in diesem Korpus aus der Reihe, weil sie mit Ausnahme einiger Kompositabildungen die einzige Kategorie darstellen, die stark extragrammatisch und stark artifiziell agiert und somit von den konventionellen Strukturen des Hauptkorpus abweicht.

-ette	-ée	a
-Rougette -Almette (hybrid)	-Tourrée -Mirée -Ramee (hybrid) -Crémisée -Crefée	-Exquisa (hybrid)

Tab. 15: Gallizismen – Derivativa

Das Flexionsmorphem *–et/ette* ist das "suffixe diminutif par excellence" (Le Bon Usage 2008: 172). Bei den französischen Käsemarken des Hauptkorpus sind zwei von vier primären Bildungen mit diesem Suffix gebildet. Die Verwendung entspricht bei den Gallizismen aber nicht der grammatikalischen Konvention, da entweder keine Ableitung von einem französischen Nomen oder eine Ableitung von einer anderen Wortart als einem Nomen erfolgt. Eine Verniedlichung einer Farbe macht bei *Rougette* nebenbei bemerkt auch keinen Sinn.

Ein Kuriosum dieser Gruppe ist die Beliebtheit des *–ée* Suffixes, welches in der französischen Lexik produktiv ist. "Il exprime une action ou son résultat ou le lieu où elle se produit, un collectif, un contenu, etc.: *poussée, feu couvée, allée, feuillée, bouchée, soirée*" (Le Bon Usage 2008: 172). Daneben ist noch die Funktion als weibliche Form des *participe passé* möglich.

Das Partizip *Tourrée*[24] von französisch *tourrer* ('action qui consiste à laminer une détrempe enchassée de beurre et à la replier sur elle même') der Dachmarke *Le Rustique* ist das einzige Beispiel einer korrekten Verwendung, dort drückt das Suffix auch gleichzeitig das Resultat einer Handlung aus. Bei allen anderen (in Deutschland gefertigten) Namen dieses Korpus wird das Suffix aber sozusagen "entgrammatikalisiert" und seiner Semantik enthoben

Bei *Cremisée* und *Ramee* ließe sich für den deutschen Verbraucher, falls er die Funktion des Suffixes kennen würde, in einer sehr hybriden (aber französisch nicht korrekten) Lesart zwar noch *Crème* und *Rahm* und somit im weitesten Sinn ein *résultat* oder *contenu* ablesen lassen, bei *mirée* und *crefée* ist selbst diese hybride Sicht nicht mehr möglich. Zudem fehlt bei all diesen Derivativa eine französische Derivationsbasis (ein Verb **crémiser* gibt es nicht). Das Suffix *-ée* kommt bei den französischen Bildungen des Hauptkorpus zwar in *Tourée de l'Aubier*, *Brique Affinée* oder *Les bouchées gourmandes* zum Einsatz, ist dort aber neben seiner grammatikalischen Korrektheit auch immer in einen größeren morphosyntaktischen Rahmen eingebunden und kein isoliertes Markenzeichen.

Bei den **onymischen Übernahmen** liegt die größte Divergenz zu den original französischen Tyronymen im Rekurs auf Vornamen: *Jean Luc*, *Henri*, *François* entsprechen nicht der Tendenz der Originale, deren Übernahmen stärker aus Ergatonymen oder Toponymen gebildet sind. Lokalgefärbte Eigennamen sind be-

---

24 Als Antwort auf die Frage, warum der Name in Frankreich nicht verwendet wird, lässt sich sagen, dass der Markenname dort schon durch *Tourrée de l'Aubier* besetzt ist.

sonders starke Xenonyme, um die fremde Herkunft zu indizieren (vgl. Bratschi 2005: 95). Hier geht es vordergründig um das Erkennen der reinen Sprachform, um über diese die positiv besetzten Assoziationen zu wecken.

Vornamenentlehnungen und extragrammatische Derivativa sind eine der wenigen *formalen* Stereotypizitätsbildungen dieses Korpus, wo die eigentliche Struktur der französischen Namen des Hauptkorpus gebrochen wird.

Eine **Kürzung** ist mit *Bresso* (< Bressot) vertreten. Diese sehr bekannte deutsche Marke wurde ursprünglich unter dem Patronym Bressot eingeführt und in den 1980er Jahren kommentarlos gekürzt, sehr wahrscheinlich wegen Probleme bei der Aussprache der Deutschen an der Käsetheke.

5.7. Semantik

Es lassen sich nur wenige semantische Felder aufspannen. Das größte, im Hauptkorpus kaum ausgeprägte, ist hierbei die stark inkludierende Kategorie 'Prestige' (*Le Gourmet, Louis d'Or, Étoile d'Or, Roi de Trèfle, Duc de Cœur, Grand Caractère, Grand Classique, Créme Royal, Suprême, Spécialité, Sélection*). Mit weitem Abstand folgen 'Regionalität' (*Le Bouchon d'Auvergne, Spécialité du Pays Basque, Spécialité d'Anjou, Fromage des Vosges*) sowie 'Religion' (*Aux 2 Moines, Père Michel, Domédictin, Paradis*) und 'Natur' (*Chêne d'Argent, Lys de France, Champignon*).

Doch obgleich einige semantische Felder wie Regionalität, Religion und Natur an das genuin französische Korpus erinnern, ist die Mehrzahl der Namen semantisch unauthentisch. Sie sind schlichtweg zu generell und, da praktisch auf jedwede Produktgruppe anwendbar, auch zu banal (*Etoile d'Or, L'Original, Louis d'Or, Paradis, Lys de France, Sélection, Romance, Crème blanche, Francois, Jean-Luc etc.*). In Bildungen wie *Fromage des Vosges, Fromage de Normandie, From'dor* und *Frombel* wird auffallend häufig das Lexem *fromage* verwendet. Im Hauptkorpus findet sich nur der Stamm in Bildungen wie *Fromagers d'Affinois* oder *Le Moulé du Fromager* und erfüllt somit bei dem Produkt Käse keine redundanten Funktionen durch die zusätzliche Erwähnung der Gattungsbezeichnung. Des Weiteren wird *crème* bei den Gallizismen inflationär verwendet (sieben Mal), obwohl es sich in den allermeisten Fällen nicht um eine derartige Konsistenz handelt. Das im Hauptkorpus relativ häufig vorkommende *de caractère* wird auch von den Gallizismen aufgegriffen, allerdings nicht als Determinans einer syndetischen Komposition sondern aus Einfachheit als alleiniges Nomen (*Caractère*, *Grand Caractère*).

Von der Tiefe der Semantik einmal abgesehen, besteht natürlich die Frage, was der deutsche Rezipient inhaltlich überhaupt von den Namen versteht.

Kategorienübergreifend sind zirka 26,88 %[25] der verwendeten *Wörter* (entspricht nicht der Zahl der Namen) aus Analogie zum deutschen Wortschatz völlig bekannt. Weitere 13,98%[26] sind aus semantisch sehr einfachem französischem Vokabular geformt. Hier wird also "unauthentische Fremdheit" reproduziert, da es hier nur darum geht, spezifische Wissensbestände zu bejahen, die in der naiven Sprechergruppe bereits vorherrschen, sprich den naiven Rezipienten in seiner reduzierten Form von Sprachkenntnis zu bekräftigen (vgl. Jung 1995: 285-286).

Nach Abzug von insgesamt 15%[27] derjenigen Wörter, die durch Eigennamen gebildet werden, bleiben noch schätzungsweise 44% der Wörter, die semantisch für den deutschen Konsumenten opak bleiben. Jung bezeichnet diese Form von Fremdheit als eine "kalkulierte Unverständlichkeit, die primär nicht auf ein inhaltliches, sondern auf ein symbolisch-assoziatives Verstehen als 'fremd' abzielt" (Jung 1995: 285).

Sowohl bei den Fällen von lexikalisch einfachem und analogem Material als auch bei der kalkulierten Unverständlichkeit durch opake Bildungen ist der primäre Impetus nicht Verständigung. Hauptziel ist das Erkennen der französischen

---

25 *L'Original, L'Aromatique, Le Snack, Le Gourmet, Le Tartare, Spécialité du Pays Basque, Spécialité d'Anjou, La Sélection d'Amélie, Creme Bremont, Grand Caractère, Grand Classique Crème blanche, Triple Crème, Crème Royal, Cremoselle, Escapade, Champignon, Domédictin, Paradis, Suprême, Sélection, Romance, Caractère, Almette, Cremisée, Ramée* = 25; 25/93 = 26,88%

26 *Rougette, Le Petit, Le Coq de France, Lys de France, Père Michel, Bon Chon, Grand Caractère, Grand Classique, Cavabel, Frombel, Crème Blanche, Crème Royal, Fromage des Vosges, Fromage de Normandie* = 14/93 = 15,05%.

27 *Spécialité du Pays Basque, Spécialité d'Anjou, Le Bouchon d'Auvergne, La Sélection d'Amélie, Fromage des Vosges, Fromage de Normandie, Cœur de Valérie, Louis d'Or, Père Michel, Jean Luc, Henri, Claudel, François, Pierre Meyer* = 14/93=15,05%.

Sprachform selbst. Die Identifizierung des französischen *signifiant* entspricht bei den Gallizismen bereits der eigentlichen Authentizität.

5.8. Graphematische Ebene

Bei einem Vergleich der diakritischen Zeichen zwischen den Gallizismen und den genuin französischen Käsemarken lässt sich feststellen, dass die Gallizismen des deutschen Markts prozentual gesehen leicht mehr Lexeme mit diakritischen Zeichen verarbeiten als die Originale des Hauptkorpus (22/61= 35% > 66/202= 33%). Eine exzessive Anwendung bzw. Selektion von Lexemen mit großem diakritischem Aufkommen kann im Vergleich ausgeschlossen werden. In diesem Zusammenhang wäre es interessant zu schauen, wie sich französische Markennamen im Allgemeinen gegenüber der Akzentsetzung verhalten. Mundt konnte diesem Aspekt in seiner Arbeit aus verständlichen Gründen nicht nachgehen. Es ist aber davon auszugehen, dass die Werte beider Korpora durch die demonstrativ lexikalischen Bezüge bereits ziemlich hoch sind. Die geringe Abweichung vom Hauptkorpus sollte allerdings nicht dazu führen, den Diakritika eine geringe Wirksamkeit zu unterstellen. Sie sind für die Orientierung des naiven Rezipienten absolut relevant, nur befinden sie sich bereits auf einem hohen Niveau.

Bei den Nasalgraphemen ist das Verhältnis leicht invertiert, aber auch hier lassen sich keine signifikant abweichende Aussagen zwischen den Gallizismen und den französischen Markennamen feststellen (78/202= 39% > 22/61 = 35%). Was die Vokalfolgen betrifft, kommt bei den Lexemen beider Korpora der <ou> Digraph am häufigsten vor, die Unterschiede sind jedoch auch hier nicht frappierend (32/200 = 16% > 9/62 = 14,5%). Eine auffällige Verwendung von Lexemen mit <ch> Graphem oder der Cedille konnte bei den Gallizismen nicht festgestellt werden. Ligaturen gibt es durch den Einsatz von *cœur* in *Cœur de Valérie* oder *Duc de Cœur*, insgesamt betrachet sind sie jedoch nicht repräsentativ.

Es lässt sich festhalten, dass Gallizismen auf graphematischer Ebene nicht *plus royaliste que le roi* ans Werk gehen, indem sie beispielsweise versuchten durch typische Graphemfolgen oder exzessiven Einsatz von Diakritika graphematisch überzogene Französität zu erzeugen. Dennoch darf nicht vergessen werden, dass diese Zeichen im Einzelnen gesehen ihre Wirkung erzielen, es lässt sich lediglich kein signifikanter *abus* feststellen.

5.9. Wertung

Durch den *calque* morphologischer/morphosyntaktischer Strukturen der Original-Tyronyme des französischen Marktes imitiert ein Großteil der Gallizismen bereits auf formaler Ebene *strukturelle* Französität. Die charakteristischen Bildungsmuster des Hauptkorpus, Syntagmen und Komposita, wurden abgesehen von den Onym + Nomen Verbindungen und stellenweiser unzureichender Adjektivflexion, überwiegend korrekt imitiert (Produktivität der syntagmalen Typen I und VI, Anteil von 37,5% an syndetisch gebildeten Nominalkomposita mit Determinatum-Determinans Struktur).

Weiterhin werden auf morphologischer Ebene in knapp 13% der Fälle typisch weibliche Suffixe wie *–ette* oder in stärkerem Maße *–ée* eingesetzt, um den Eindruck von Französität hervorzurufen. Der Trend, der sich für letzteres im deutschen Markt abzeichnet, lässt sich nicht aus der Imitation genuin französischer Markennamen erklären. Durch Extragrammatikalität, fehlende französische Derivationsbasen und Dysfunktionalitäten der Suffixe sind die Derivativa dieses Korpus eine Kategorie *à la n'importe comment* und bewegen sich stark von den *langue* kompetenten Originalen des Hauptkorpus weg. Inhaltlich sind sie durch ihre Hybridität am ehesten noch für deutsche Rezipienten verständlich. Aus französischer Sicht stellen sie kein Inhaltsangebot zur Verfügung.

Die onymischen Übernahmen unterscheiden sich hauptsächlich durch die Verwendung von Vornamen. Während die französischen Käsemarkennamen vorwiegend auf Ergatonyme/Patronyme zurückgreifen, um Qualität und Tradition zu suggerieren, so bestehen die Gallizismen vorwiegend aus Personennamen, die von den deutschen Rezipienten leicht identifiziert werden können.

Auch wenn bei den meisten Bildungen französische Lexeme verwendet werden und die dominanten Strukturen kopiert werden, so lässt sich dennoch klar festhalten, dass der größte Unterschied zwischen den französischen Markennamen und den Gallizismen auf inhaltlicher, semantischer Ebene liegt. Die verwendeten Gallizismen sind zu schematisch (oder bei Kontaminativa partiell referenzlos) und vermögen mangels Sprachkompetenz des Empfängers und eventuell des Senders keine konkreten, spezifischen Inhalte zu vermitteln. In knapp 41% der Fälle wird auf analoges deutsches Material oder extrem einfaches französisches Vokabular zurückgegriffen. Diakritische Zeichen, Einsatz von bestimmtem Artikel oder typisch französischen Auslautendungen (*–que/–ère*) zur französischen Erkenntlichmachung des analogen deutschen Wortes bestätigen den naiven Rezipienten in seiner stereotypen Sprachkenntnis und produzieren eine sehr leicht verdauliche Fremdheit, die der stereotypen Bekanntheit entspricht.

Wenn von Kommunikation gesprochen werden kann, dann verläuft diese hauptsächlich entweder über prestigeträchtige Wörter, die im Deutschen verständlich sind oder eben über einfaches französisches Vokabular. Auch hier dient das bekannte *signifiant* in erster Linie der reinen Identifikation der französischen Lautkette. Das Erkennen der französischen Sprache ist bereits das eigentliche *l'authentique* und muss anders als bei den französischen Tyromen nicht inhaltlich evoziert werden.

Ebenso ließ sich eine Korrelation von extragrammatischem Verhalten und Fertigungsland ermitteln. Namen von Produkten, die in Frankreich hergestellt wurden, folgen der Konvention französischer Tyronyme des Ursprungslandes in starkem Maße. Da dies auf 68% der Gallizismen zutrifft, ist die strukturelle Ähnlichkeit beider Korpora sehr wahrscheinlich einem onomastischen Strukturtransfer geschuldet.

6. FAZIT

Es hat sich die Hypothese bestätigt, dass französische Tyronyme beim Kulturgut Käse auf beeindruckende Art und Weise an der französischen Sprache festhalten, wodurch die morphologische Analysierbarkeit durch Rückgriff auf die *langue* sehr gut möglich ist. 88% der Namen sind lexikalisch sowie morphologisch und morphosyntaktisch transparent gebildet.

In einem der unreglementiertesten Kontexte öffentlicher Sprachverwendung reproduzieren 41% der französischen Käsemarkennamen syntagmatische Strukturen und ziehen eine syntaktische Grammatikalisierung der Namen der Ebene des reinen Wortes vor, obwohl es bereits diese von Markennamen für gewöhnlich aufzubrechen gilt, um "hausbackene" und schwerfällige Namen zu vermeiden. Auch die 13% syndetischen Komposita zeugen durch ihre morphotaktische Komplexität von dem Drang, über das einfach strukturierte Wort hinausgehen zu wollen.

Die für die Werbesprache typische *pouvoir de violation et de désobéissance* durch *imbriquer, faire et défaire des mots* wird von den französischen Tyronymen insgesamt nur von 11% der Bildungen genutzt, die aufgrund ihrer Abkehr von regulären Wortbildungsmodi als kreativ einzustufen wären. Für einen umfassenden Eindruck kreativer Bildungsmechanismen der französischen Sprache muss daher auf Studien anderer Produktgruppen ausgewichen werden, hier lassen sich mit *mot-valise* und als *transcription phonique* enkodierte Satznamen in Kinderprodukten nur Tendenzen erahnen.

Die der französischen Sprache bis ins 20. Jahrhundert nachgesagte *inertie* bei der Wortneubildung wird von den Tyronymen nicht entkräftet, da in mehr als 50% der Fälle bei den Käsemarkennamen *kein* neues Wort gebildet wird.

Der synchrone Sprachgebrauch, der sich an ihnen ableiten lässt, erlaubt keine Antizipation von sich in Zukunft verändernden Systemstrukturen oder *new types of word formation*, da die qualitativen Bildungskonventionen – vor allem bei der starken Zahl an regulären Komposita (syndetisch, DM – DS Abfolge) – die Norm affirmieren und nicht gegen sie agieren. Es findet somit keine *impertinence* durch Torpedierung vorhandener morphologischer Konventionen statt.

Vergleiche mit allgemeinen französischen Markennamen unterstreichen in sehr deutlichem Maße, dass die qualitative Einhaltung morphologischer Gesetzmäßigkeiten sowie die Umsetzung morphosyntaktisch komplexer Strukturen keinesfalls typische Phänomene für französische Markennamen sind, da diese die qualitative Systemnähe stark scheuen. Die 1981 von Mundt kompilierten französischen Ökonyme rebellieren strukturell auf höchstem Niveau gegen die vorgegebenen Zwänge des Sprachsystems (hohe Zahl an Kontaminativa, unkonventionelle Determinationsverhältnisse, Meiden typisch syndetischer Kompositastrukturen, keine repräsentative Syntagmenverwendung sowie Einsatz von Markennamenmorphemen und Xenismen). Eklatanter könnten die Unterschiede im Grunde nicht sein.

Jedoch sind die scheinbar unkreativen Tyronyme morphologisch nicht zu unterschätzen. Sie sind das hochgradig strategische Konstrukt einer morphologischen Metakompetenz, welche bewusst auf kreative und innovative Bildungsmechanismen verzichtet. Die strategische Wortgebildetheit der Tyronyme besteht in der Umsetzung konventioneller morphologischer Strukturen und naiv wirkender morphosyntaktischer Langkettigkeit, um das Konzept eines traditionellen, authentischen Produkts zu kommunizieren. Hier wird bereits die morphologische/morphosyntaktische Form zum zentralen Medium des zu vermittelnden Produktkonzepts erhoben. Die Semantik einer nostalgischen *France rurale* ('Kirche'/'Natur'/'regionaler Boden'/'Ursprünglichkeit') mit einer Vielzahl an toponymischen/ergatonymischen Bezügen potenziert die bereits morphologisch kommunizierte *ancienneté* kongruent auf inhaltlicher Ebene.

Französität wird bei den Gallizismen vor allem durch zum Deutschen analoges Vokabular oder eine sehr einfach gehaltene Wortwahl aus dem Französischen erzeugt. Diakritika, typische Endsilben oder Artikelgebrauch schaffen in Verbindung mit schematischem Vokabular eine gezähmte Fremdheit, die den deutschen Rezipienten in seiner unauthentischen Fremdheitskenntnis bestärkt.

Sowohl bei den französischen Tyronymen als auch bei den Gallizismen spielt die sprachliche *Form* eine bedeutende Rolle. Bei den französischen Markennamen ist es die *morphologische* Form, während bei den Gallizismen die Bedeutung der Form in einem weiten Verständnis gedacht werden muss. Es geht lediglich um die Identifizierbarkeit einer *französischen* Form, weswegen die relativ große morphologische/morphosyntaktiche Nähe zu den Originalen – ganz im Gegensatz zu den erwartungsgemäßen stereotypen/extragrammatischen Derivationsbildungen – stark verwundert. Denn es besteht bei den deutschen Rezipienten auf Dekodierungsseite keine unterbewusste *conscience métalinguistique*, welche mit dem morphologischen Muster eine konkrete Assoziation zu verknüpfen vermag. In welcher Reihenfolge Determinatum und Determinans traditionellerweise stehen, wie systemcharakteristisch syndetische Komposita sind oder welche französischen Bildungsmuster als konventionell gelten, dürfte dem naiven deutschen Rezipienten wohl kaum intuitiv bewusst sein. Die Frage ist in der Tat, warum die morphologischen Strukturen von den Gallizismen dann überhaupt reproduziert werden und ob dies tatsächlich notwendig und zweckdienlich ist, da die morphologische Metabotschaft ohnehin unverstanden bleiben muss. Perzeptive Untersuchungen wären diesbezüglich sehr aufschlussreich.

Ohne die Dissertation von Wolf-Rüdiger Mundt hätten die eruierten Strukturen für französische Käsemarkennamen nicht mit denjenigen anderer französischer Markennamen verglichen werden können und die Aussagekraft wäre sehr eingeschränkt geblieben. Da es das bislang einzige Referenzwerk in diesem Umfang über französische Markennamen darstellt, bedarf es dringend einer Aktualisierung der nun schon 30 Jahre alten Studie, um einen neuen Überblick der Lage zu erhalten, weitere mikrostrukturelle Analysen voranzutreiben sowie die von Mundt antizipierten Tendenzen überprüfen zu können, nicht zuletzt um auch vorliegende Studie neu einordnen/kontrastieren zu können.

Das Vorantreiben weiterer Forschungsleistungen wird natürlich davon abhängen, inwiefern Markennamen ihre hart erkämpfte Ausgangslage in der Onomastik in Zukunft ausbauen können. Vor allem in der französischen *science du langage* (innerhalb Frankreichs) ist eine steigende Institutionalisierung in der Onomastik unter morphologischen Vorzeichen unbedingt notwendig. Nur so können strategischer Sprachgebrauch und sich verändernde Wortbildungstendenzen durch dieses hochgradig synchrone Produkt der *parole* verortet und sichtbar gemacht werden.

7. BIBLIOGRAPHIE

Altmann, Hans / Hahnemann, Susan (1999): *Syntax fürs Examen.* Opladen / Wiesbaden: Westdeutscher Verlag.

Anreiter, Peter (2002): *Pharmakonyme. Benennungsmotive und Strukturtypologie von Arzneimittelnamen.* Wien: Praesens Verlag.

Bauer, Gerhard (1985): *Namenkunde des Deutschen.* Frankfurt a. M.: Peter Lang.

Béchade, Hervé-D. (1992): *Phonétique et morphologie du français moderne et contemporain.* Paris: Presses Universitaires de France.

Birus, Hendrik (1987): "Vorschlag zu einer Typologie literarischer Namen." In: *Zeitschrift für Literaturwissenschaft und Linguistik* 67, 38 – 51.

Blumenthal, Peter ([2]1997 [1987]): *Sprachvergleich Deutsch-Französisch.* Tübingen: Niemeyer (= *Romanistische Arbeitshefte.* 29).

Boisard, Pierre (2007): *Le camembert, mythe français.* Paris: Odile Jacob.

Booij, Geert (2005): *The Grammar of Words.* Oxford: University Press.

Bratschi, Rebekka (2005): *Xenismen in der Werbung. Die Instrumentalisierung des Fremden.* Frankfurt a. M.: Peter Lang.

Brendler, Andrea / Brendler, Silvio (2004): *Namenarten und ihre Erforschung. Ein Lehrbuch für das Studium der Onomastik.* Hamburg: Baar (= Lehr- und Handbücher zur Onomastik. 1).

Brendler, Silvio (2004): "Namenarten und ihre Erforschung." In: Brendler / Brendler [Hrsg.] (2004: 33 – 49).

Brendler, Silvio (2005): "Brückenschlagen: Von einer zukunftsträchtigen Namenforschung." In: Brendler, Andrea / Brendler, Silvio [Hrsg.] (2005): *Namenforschung morgen. Ideen, Perspektiven, Visionen.* Hamburg: Baar. 23 – 31.

Brunet, Pierre (1985): "Le commerce international des fromages en Europe d'économie libérale." In: Ders. [Éd.] (1987): *Histoire et géographie des fromages. Actes du colloque de géographie historique.* Caen: Centre de Publications de l'Université de Caen. 269 – 276.

Brunet, Pierre (1987) [Éd.]: *Histoire et géographie des fromages. Actes du colloque de géographie historique*. Caen: Centre de Publications de l'Université de Caen.

Christoph, Ernst-Michael (1991): "Eigennamen als Bestandteile des Lexikons? – Ein Diskussionsbeitrag zur Semantikforschung in der Onomastik." In: *Zeitschrift für Phonetik, Sprachwissenschaft und Kommunikationsforschung* 44, 357 – 371.

Corbin, Danielle (1992): "Hypothèses sur les frontières de la composition nominale." In: *Cahiers de grammaire* 17, 26 – 55.

Coseriu, Eugenio (1988): *Sprachkompetenz. Grundzüge der Theorie des Sprechens*. Tübingen: Francke.

Debus, Friedhelm (1966): "Aspekte zum Verhältnis Name-Wort." In: Steger, Hugo [Hrsg.] (1977): *Probleme der Namenforschung im deutschsprachigen Raum*. Darmstadt: Wissenschaftliche Buchgesellschaft. 3 – 25.

Dionnet, Marie-Claude (1987): "Évolution de la production du camembert en France." In: Brunet [Éd.] (1987: 109 – 117).

Druetta (2008): "Les noms de marque et de produit comme marqueurs identitaires." In: *Études de linguistique appliquée. Revue internationale de didactologie des langues-cultures et de lexiculturologie* 150, 157 – 175.

Ehlich, Konrad (1986): "Xenismen und die bleibende Fremdheit des Fremdsprachensprechers." In: Hess-Lüttich, Ernest W.B. [Hrsg.] (1986): *Integration und Identität*. Tübingen: Gunter Narr. 43 – 54.

Eichler, Ernst / Hilty, Gerold / Löffler, Heinrich / Steger, Hugo / Zgusta, Ladislav [Hrsg.] (1995) *Namenforschung. Ein internationales Handbuch zur Onomastik*. Band 1. Berlin: De Gruyter (= *Handbücher zur Sprach- und Kommunikationswissenschaft*. 11.1).

Eichler, Ernst / Hilty, Gerold / Löffler, Heinrich / Steger, Hugo / Zgusta, Ladislav [Hrsg.] (1996) *Namenforschung. Ein internationales Handbuch zur Onomastik*. Band 2. Berlin: De Gruyter (= *Handbücher zur Sprach- und Kommunikationswissenschaft*. 11.2).

Froc, Jean (2006): *Balade au pays des fromages. Traditions fromagères en France*. Versailles: Editions Quæ.

Gabriel, Klaus (2003): *Produktonomastik*. Frankfurt a.M.: Peter Lang.

Galisson, Robert (1998): *Dictionnaire de noms de marques courantes. Essai de lexiculture ordinaire*. Paris: Didier Érudition.

Gary-Prieur, Marie-Noëlle: *Grammaire du nom propre*. Paris: Presses Universitaires de France.

Gauger, Hans-Martin (1971): *Durchsichtige Wörter. Zur Theorie der Wortbildung*. Heidelberg: Carl Winter Universitätsverlag.

Gläser, Rosemarie [Hrsg.] (1996): *Eigennamen in der Fachkommunikation*. Frankfurt a.M.: Peter Lang.

Grunig, Blanche (1998): *Les mots de la publicité*. Paris: CNRS.

Hansack, Ernst (1990): *Bedeutung, Begriff, Name*. Regensburg: S. Roderer.

Hansack, Ernst (2004): "Das Wesen des Namens." In: Brendler / Brendler [Hrsg.] (2004: 51 – 65).

Hantsch, Ingrid (1972): "Zur semantischen Strategie in der Werbung." In: *Sprache im technischen Zeitalter* 42, 93 – 108.

Holtus, Günter / Metzeltin, Michael / Schmitt, Christian [Hrsg.] (1990): *Lexikon der Romanistischen Linguistik*. Band V,1 (Französisch). Berlin: De Gruyter.

Homburg, Christian / Krohmer, Harley (2003): *Marketingmanagement*. Wiesbaden: Gabler.

Huot, Hélène (^{2}2006 [2001]): *La morphologie: forme et sens des mots du français*. Paris: Colin.

Jung, Matthias (1995): "Codeswitching im öffentlichen Sprachgebrauch als soziales Phänomen." In: Spillner, Bernd [Hrsg.] (1995): *Sprache: Verstehen und Verständlichkeit. Kongressbeiträge zur 25. Jahrestagung der Gesellschaft für Angewandte Linguistik*. Frankfurt a.M.: Peter Lang. 284 – 286.

Kalverkämper, Hartwig (1978): *Textlinguistik der Eigennamen*. Stuttgart: Klett-Cotta.

Kalverkämper, Hartwig (1994): "Eigennamen in Texten." In: Canisius, Peter / Herbermann, Clemens-Peter / Tschauder, Gerhard [Hrsg.] (1994): *Text und*

Grammatik. Festschrift für Roland Harweg zum 60. Geburtstag. Bochum: Universitätsverlag Dr. Norbert Brockmeyer. 205 – 238.

Kielhöfer, Bernd (2003): "Kontrastivierung ausgewählter Strukturen des Französischen und des Deutschen." In: Kolboom / Kotschi / Reichel [Hrsg.] (2003: 276 – 284).

Kleineidam, Hartmut (1990): "Französisch: Syntax." In: Holtus / Metzeltin / Schmitt [Hrsg.] (1990: 125 – 144).

Kolboom, Ingo / Kotschi, Thomas / Reichel, Edward [Hrsg.] (2003): *Handbuch Französisch*. Berlin: Erich Schmidt.

Koß, Gerhard (1996): "Warennamen." In: Eichler / Hilty / Löffler / Steger / Zgusta [Hrsg.] (1996: 1642 – 1648).

Koß, Gerhard (2008): *Warennamen – Marken – Kunstnamen. Transposition und Kreation in der Wirtschaft*. Regensburg: Edition Vulpes.

Koß, Gerhard (2008a): "Was ist 'Ökonymie'? Vom Einzug der Globalisierung in der Onomastik." In: Ders. [Hrsg.] (2008: 121 – 178).

Koß, Gerhard (2008b): "Warennamen (Nachtrag)." In: Ders. [Hrsg.] (2008: 89 – 97).

Kremer, Ludger / Ronneberger-Sibold, Elke (2007): *Names in Commerce and Industry: Past and Present*. Berlin: Logos Verlag.

Krenn, Herwig (2003): "Einzelaspekt: Morphosyntax." In: Kolboom / Kotschi / Reichel [Hrsg.] (2003: 284 – 288).

Kubczak, Hartmut (1985): "Eigennamen als bilaterale Sprachzeichen." In: *Beiträge zur Namenforschung* 20, 284 – 304.

Leclerc, France / Schmitt, Bernd H. / Dubé-Riouxet, Laurette (1989): "Brand name *à la française*? *Oui*, but for the right product." In: *Advances in Consumer Research* 16, 253 – 257.

Lötscher, Andreas (1995): "Der Name als lexikalische Einheit." In: Eichler / Hilty / Löffler / Steger / Zgusta [Hrsg.] (1995: 448 – 457).

Lötscher, Andreas ([2]1992 [1987]): *Von Ajax bis Xerox. Ein Lexikon der Produktenamen*. Zürich: Artemis.

Martinet, André (1969): *Le Français sans fard*. Paris: Presses Universitaires de France.

Moser, Wolfgang (1996): *Xenismen: Die Nachahmung fremder Sprachen*. Frankfurt: Peter Lang.

Müller, Wolfgang G. (1991): "Namen als intertextuelle Elemente." In: *Poetica. Zeitschrift für Sprach- und Literaturwissenschaft* 23, 139 – 165.

Mulon, Marianne (1995): "La recherche onomastique en France." In: Eichler / Hilty / Löffler / Steger / Zgusta [Hrsg.] (1995: 148 – 151).

Mundt, Wolf-Rüdiger (1981): *Wortbildungstendenzen im modernen Französischen, untersucht an den 'Noms de marques déposés'*. Freie Universität Berlin: Dissertation ohne Verlag.

Nicolaisen, Wilhelm, F. H. (1995a): "Name and Appellative." In: Eichler / Hilty / Löffler / Steger / Zgusta [Hrsg.] (1995: 384 – 393).

Nicolaisen, Wilhem, F. H. (1995b): "Names in English Literature." In: Eichler / Hilty / Löffler / Steger / Zgusta [Hrsg.] (1995: 560 – 567).

Paillard, Michel (2000): *Lexicologie contrastive. Anglais-français. Formation des mots et construction du sens*. Paris: Ophrys.

Pecher, Annett / Tregear, Angela (2000): "Product Country Image Effects für Food Products: The Case of German Chees in the UK." In: *Journal of International Food & Agribusiness Marketing* 11, 1 – 15.

Petit, Gérard (2000): "Un hybride sémiotique. Le nom déposé." In: *Lingvisticae investigationes: revue internationale de linguistique française et de linguistique générale* 23/1, 161 – 192.

Piller, Ingrid (1996): *American Automobile Names*. Essen: Die Blaue Eule (= *Dresdner Arbeiten zur Anglistik und Amerikanistik*. 2).

Platen, Christoph (1997): *Ökonymie. Zur Produktnamen-Linguistik im Europäischen Binnenmarkt*. Tübingen: Max Niemeyer.

Platen, Christoph (2002): "Meister Proper oder die Lyrik im Supermarkt." In: *Forschung* 3 – 4, 10 – 14.

Ronneberger-Sibold, Elke (1997): "Foreign Elements in German and French Trade Names." In: Hickey, Raymond / Puppel, Stanislav [Hrsg.] (1997): *Festschrift in Honor of Jacek Fisiak's 60th Birthday*. Berlin: Mouton de Gruyter. 1781 – 1800.

Ronneberger-Sibold, Elke (2004): "Warennamen." In: Brendler / Brendler [Hrsg.] (2004: 557 – 603).

Ronneberger-Sibold, Elke (2005): "Apollo, Boccaccio und Lady Godiva: Europäische Fremdsprachen in deutschen Markennamen aus der ersten Hälfte des 20. Jahrhunderts." In: Glaser, Brigitte / Schnackertz, Hermann J. [Hrsg.] (2005): *Europa interdisziplinär. Probleme und Perpektiven heutiger Europastudien*. Würzburg: Königshausen & Neumann. 93 – 117.

Ronneberger-Sibold, Elke (2007a): "Sprachlich hybride Markennamen im Deutschen: Ein geschichtlicher Überblick." In: Kremer / Ronneberger-Sibold [Hrsg.] (2007: 187 – 211).

Ronneberger-Sibold, Elke (2007b): "Wunschidentitäten im Wandel: Deutsche Markennamen aus sieben Jahrzehnten." In: Ronneberger-Sibold / Kazzazi, Kerstin [Hrsg.] (2007): *Identität und Differenz. Ein interdisziplinäres Kolloquium zu Ehren von Wolfgang Huber*. Tübingen: Gunter Narr. 135 – 157.

Room, Adrian (1982): *Dictionary of Trade Name Origins. London*: Routledge & Kegan Paul.

Schippan, Thea (1989): "Markennamen – Linguistische Probleme und Entwicklungstendenzen." In: Fleischer, Wolfgang et al. [Hrsg.] (1989): *Beiträge zur Erforschung der deutschen Sprache*. Band 9. Leipzig: Bibliographisches Institut. 48 – 55.

Schmitt, Christian (2007): "Motivierte sprachliche Zeichen. Zu Formen und Funktionen spanischer Firmen- und Produktnamen." In: Kremer / Ronneberger-Sibold [Hrsg.] (2007: 99 – 113).

Schpak-Dolt, Nikolaus (2003): "Grundprinzipien der französischen Wortbildung." In: Kolboom / Kotschi / Reichel [Hrsg.] (2003: 220 – 226).

Schpak-Dolt, Nikolaus (^{3}2010 [1992]): *Einführung in die französische Morphologie*. Berlin / New York: De Gruyter.

Simmel, Georg (1992): "Exkurs über den Fremden." In: *Soziologie. Gesamtausgabe II.* Frankfurt: Suhrkamp. 764 – 771.

Sonderegger, Stefan (1987): "Die Bedeutsamkeit der Namen." In: *Zeitschrift für Literaturwissenschaft und Linguistik* 67, 7 – 23.

Soutet, Olivier (1989): *La syntaxe du français.* Paris: Presses Universitaires de France (= Que sais-je. 984).

Steger, Hugo / Löffler, Heinrich (1995): "Namenforschung in der Bundesrepublik Deutschland nach 1945." In: Eichler / Hilty / Löffler / Steger / Zgusta [Hrsg.] (1995: 86 – 97).

Thornton, Anna M. (2000): "On *–ex* and *–tex.*" In: Doleschal, Ursula / Thornton, Anna M. [Eds.] (2000): *Extragrammatical and Marginal Morphology.* München: Lincom. 107 – 125.

Thouvenot, Claude (1987): "Fromages de 'pauvres', fromages de 'riches'." In: Brunet [Éd.] (1987: 209 – 219).

Voigt, Gerhard (1985): "Zur linguistischen Bestimmung des Markennamens." In: Kürschner, Wilfried / Vogt, Rüdiger [Hrsg.] (1985): *Grammatik und Semantik, Textlinguistik (Akten des 19. Linguistischen Kolloquiums Vechta 1994).* Band 1. Tübingen: De Gruyter. 123 – 135.

Wehking, Erwin (1984): *Produktnamen für Arzneimittel. Wortbildung. Wortbedeutung. Werbewirksamkeit.* Hamburg: Hamburger Buchagentur.

Weidenbusch, Waltraud (2003): "Produktive Wortbildung im Französischen." In: Kolboom / Kotschi / Reichel [Hrsg.] (2003: 227 – 230).

Weinreich (1980): *On Semantics.* Pennsylvania: University of Pennsylvania Press.

Witkowski, Teodolius (1995): "Probleme der Terminologie." In: Eichler / Hilty / Löffler / Steger / Zgusta [Hrsg.] (1995: 288 – 294).

Yaguello, Marina (1981): *Alice au pays du langage. Pour comprendre la linguistique.* Paris: Éditions du Seuil.

Zwanenburg, Wiecher (1990): "Französisch: Wortbildungslehre." In: Holtus / Metzeltin / Schmitt [Hrsg.] (1990: 72 – 77).

Lexika

Dictionnaire culturel en langue française Band 2 (2005), hrsgg. von Rey, Alain / Morvan, Danièle. Paris: Dictionnaires Le Robert.

Duden, Redewendungen: Wörterbuch der deutschen Idiomatik (^{2}2002 [1992]), hrsgg. vom Wissenschaftlichen Rat der Dudenredaktion. Mannheim: Dudenverlag.

Etymologisches Wörterbuch der französischen Sprache (^{2}1969 [1928]), hrsgg. von Ernst Gamillscheg. Heidelberg: Carl Winter Universitätsverlag.

Euskara-alemana hiztegia = Wörterbuch deutsch-baskisch (2006), hrsgg. von Elena Martínez Rubio. Donostia: Elkar.

Grand Dictionnaire. Linguistique & Sciences du langage (2007), hrsgg. von Jean Dubois et al. Paris: Larousse.

Larousse. Étymologie & Historique du français (2005), hrsgg. von Jean Dubois et al. Paris: Larousse.

Le Bon Usage (^{14}2008: [1936]), hrsgg. von Grevisse, Maurice / Goose, André. Brüssel: De Boeck & Larcier.

Le Robert Dictionnaire d'Expressions et Locutions (^{3}2003 [1989]), hrsgg. von Alain Rey et al. Paris: Le Robert (*Les Usuels*).

Metzler Lexikon Sprache (^{4}2010 [1993]), hrsgg. von Helmut Glück. Stuttgart / Weimar: Verlag J. B. Metzler.

Wörterbuch des Baskischen (1999), hrsgg. von Helmut Kühnel. Wiesbaden: Reichert.

Internetquellen

Deluzarche, Céline (2008): "Les industriels du fromage poussent à la consommation." In: *Le journal du Net.com.* http://www.journaldunet.com/economie/magazine/dossier/comment-les-industriels-du-fromage-poussent-a-la-consommation/le-fromage-en-tranches-conquiert-le-sandwich.shtml

Gaillard, Cyril (o.J.): "Les Noms de marque: de Babel à Babybel." In: Marketing-professionnel.fr http://www.marketing-professionnel.fr/tribune-libre/branding-naming-babel-creation-noms-marques.html

Sonstige

C.N.I.E.L. (Centre national interprofessionnel de l'économie laitière) (2009): *L'Économie laitière en chiffres. Edition 2009.* Paris.

ANHANG

I Französisches Tyronymkorpus: Syntagmenverteilung

Typ I NP→ D + N (Σ=31)	**Typ II** NP → D + Komp. (Σ=5)	**Typ III** NP→ D + N + Onym (Σ=2)	**Typ IV** NP → D +(Adj. + N) / (N + Adj.) (Σ=12)	**Typ V** NP → N + PP (Σ=9)	**Typ VI** NP → NP + PP (Σ=16)	**Typ VII** NP → NP + "VP" (Σ=3)	**Typ VIII** Konjunktionales Syntagma (Σ=5)
L'Assortiment L'Onctueux L'Ortolan L'Ortolinet La Bouille La Brique (x2) La Crème (x2) La Galette La Portion La Raclette Le Babydoz Le Blue Le Bourrichon Le Brébiou Le Cabrissac Le Châtelain Le Chaudron Le Chèvre Le Crémiot (x2) Le Merzer Le Mœlleux Le Paillé Le Palet Le Roitelet Le Rustique Le Sanglé Le Savoureux Le Vigneron	<u>syndetisch:</u> Le Bâtonnet de Fromage La Crème de Caractère Le Moulé du Fromager La Vie de Château <u>asyndetisch:</u> Le Goût Primeur	Le Camembert Kergall Le Père André	La Fromagerie Bio La Bûche Fondante Le Chèvre Gourmand Le Grand Affinage Le Vieux Pané Les Petits Fromagers Les Petits Amis Le Grand Sapin Le Curé Nantais Les Bouchées Gourmandes Les Fromagers Cantaliens Les Fromageries Occitanes	Voyage en Toscane Délice de Lanquetôt Tomme du Pays Basque Reflets de France Galet de la Loire Crème de Saint Agur Pavé d'Affinois Fromagers d'Affinois <u>Syntaktische Erweiterung:</u> Frais Plaisir de Saint Agur	La Baguette de Kernevel Les Recettes de Madame Loïk Le Sapin du Haut-Doubs Le Crémeux du Jura Le Rond de Cousteron La Couronne de Cousteron Le Montagnard des Vosges Le Délice de Bourgogne L'Édel de Cleron Le Fromager des Clarines Le Crémier des Chaumes Le Secret d'Affinois Le Brin d'Affinois Le Pié d'Angloys <u>Syntaktische Erweiterung:</u>[$_{NP}$ La Meule de Caractère] [$_{PP}$ du Pays Basque] <u>Kein Onym in der PP aber komplexe PP:</u> [$_{NP}$ Le Marbray] [$_{PP}$ aux sillons bleus]	La Vache qui rit Ma p'tite Vache qui rit La Vache qui rit au Bleu	En cas de Caprice <u>Juxtaposition:</u> Pik et Croq' Elle et Vire Ligne et Plaisir Cuisine et Fromage

Steigende morpho*taktische* Komplexität → **Steigende morpho*syntaktische* Komplexität** →

II Korpusauflistung Französische Tyronyme

№	Dachmarke	Produktmarke	Wortbildung	Erläuterung
1	Apéricube		Kontamination	Halbvollkreuzung (< *apéritif* x *cube*)
2		Filet du Pêcheur	Komposition	Nominalkompositum (syndetisch, DM-DS); keine lexikalische ÜN, da dt. 'Fischernetz' *filet de pêche* entspricht
3		Folifrais	Kontamination	Halbvollkreuzung *folie* x *frais* (agrammatisch, da ohne Anpassung des Adjektivs an das Genus des Nomens)
4		Panier de Campagne	Komposition	Nominalkomposition (syndetisch, DM-DS)
5		Touche de Frais	Komposition	Nominalkompositum (*le frais*, syndetisch, DM-DS)
6		Voyage en Toscane	Syntagma Typ V	NP → N + PP
7	Badoz		Onymische ÜN	Patronym
8		Le Babydoz	Syntagma Typ I	NP → D + N (Kont.); Halbvollkreuzung *baby* fremdsprl. ÜN + *Badoz* (Patr./Erg.)
9		Le Bourrichon	Syntagma Typ I	NP → D + N; frz. fam. *bourrichon* ('Kopf')
10		Le Crémeux du Jura	Syntagma Typ VI	NP → $[_{NP}$ Le Crémeux (Konv.)] $[_{PP}$ du Jura]
11		Le Sanglé	Syntagma Typ I	NP → D + N (Deriv.); frz. *sangler* ('einschnüren') → in Holz eingeschnürter Käse
12		Le Sapin du Haut Doubs	Syntagma Typ VI	NP → $[_{NP}$ Le Sapin] $[_{PP}$ du Haut-Doubs]
13	Boursin		Onymische ÜN	Patronym
14		Création Fraîcheur	Komposition	Nominalkompositum (asyndetisch, DM-DS)
15	Bridel		Onymische ÜN	Patronym
16		Bridélice	Kontamination	Gelenkkreuzung: *Bridel* x *délice*
17		Bridelight	Kontamination	Gelenkkreuzung: *Bridel* x *light*
18		Le Crémiot	Syntagma Typ I	NP → D + N
19	Caprice des Dieux		Komposition	Nominalkompositum (syndetisch, DM-DS)
20		Caprice des Anges	Komposition	Nominalkompositum (syndetisch, DM-DS)
21		En Cas de Caprice	Syntagma Typ VIII	Konjunktionales Syntagma
22		Mini Caprice	Kompositum	Adj. + N Kompositum
23	Chamois d'Or		Komposition	Nominalkompositum (syndetisch, DM-DS)
24		La Crème (1/2)	Syntagma Typ I	NP → D + N
25	Chaumes		Lexikalische ÜN	frz. *chaumes* ('Stroh')'
26		Cloche Fraîcheur	Kompositum	N + Adj. Kompositum
27		La Crème de Caractère	Syntagma Typ II	NP → D + syndet. Kompositum (DM-DS)
28		Le Crémier de Chaumes	Syntagma Typ VI	NP → $[_{NP}$ Le Crémier] $[_{PP}$ de Chaumes]

29		Le Grand Affinage	Syntagma Typ IV	NP → D + Adj. + N
30		Meule de Caractère	Kompositum	Nominalkompositum (syndetisch, DM-DS)
31		Pause Gourmande	Kompositum	N + Adj. Kompositum
32		Véritable Chaumes	Kompositum	Adj. + N Kompositum
33	CŒUR DE LION		Onymische ÜN	
34		Camembert au four	Kompositum	Nominalkompositum (syndetisch, DM-DS)
35		Cœur Tendre	Kompositum	N + Adj. Kompositum
36		La Crème (2/2)	Syntagma Typ I	NP → D + N
37	COUSTERON		Kunstwort	
38		La Couronne de Cousteron	Syntagma Typ VI	NP → [$_{NP}$ La Couronne] [$_{PP}$ de Cousteron]
39		Le Rond de Cousteron	Syntagma Typ VI	NP → [$_{NP}$ Le Rond] [$_{PP}$ de Cousteron]
40	ELLE & VIRE		Syntagma Typ VIII	Konjunktionale Juxtaposition
41		Carré Frais	Komposition	N + Adj. Kompositum
42	ERMITAGE		Lexikalische ÜN	frz. *ermitage* 'Einsiedlerei'
43		Le Père André	Syntagma Typ III	NP → D + N + Onym
44	FICELLO		Derivation	Derivativum von Derivationsbasis frz. *ficelle* + "romanisches" (ital../span.) Suffix *–o*
45		Le Bâtonnet de Fromage	Syntagma Typ II	NP → D + syndet. Kompositum (DM-DS)
46	FOL ÉPI		Komposition	Adj. + N Kompositum
47		La Portion	Syntagma Typ I	NP → D + N
48		Pain d'Ange	Komposition	Nominalkompositum (syndetisch, DM-DS)
49	ISTARA		Kunstwort	
50		Chistou	Kunstwort	
51		P'tit Basque	Komposition	Adj. + N Kompositum; Synkope als Anlehnung an mündliche Sprache
52		Tomme du Pays Basque	Syntagma Typ V	NP → N + PP
53	KIRI		Kürzung	*Transcription phonétique* (*calembours*) von 'qui rit' (< Kürzung aus *La Vache qui rit*)
54		Golo	Kürzung	Aphärese von *rigolo*, frz. fam. 'lustig'; Wortspiel, da sich *golo* in Verbindung mit der Dachmarke KIRI wieder zu dem Wort *rigolo* zusammenfügt
55		Goûter	Lexikalische ÜN	frz. *le goûter* ('Zwischenmahlzeit')
56		P'tit Déj	Lexikalische ÜN	< *petit déjeuner*; Synkope zur Anpassung an mündl. Sprachgebrauch
57	LA VACHE QUI RIT		Syntagma Typ VII	[$_{NP}$ La Vache] [$_{VP}$ qui rit]
58		La Vache qui rit au Bleu		[$_{NP}$ Ma p'tite Vache] [$_{VP}$ qui rit] [$_{PP}$ au bleu]

59		Ma p'tite Vache qui rit	Syntagma Typ VII	NP → [$_{NP}$ Ma p'tite Vache] [$_{VP}$ qui rit]
60		Pik et Croq'	Syntagma Typ VIII	Konjunktionale Aneinanderreihung zweier Imperative: *pique* < frz. *piquer* ('eintauchen', 'aufspießen') und *croque* < frz. *croquer* ('knabbern'); Apokopierung durch orthographische Verfremdung der Auslaute
61		Toastinette	Derivation	Derivationsbasis *toast* + Diminutivsuffix *–ette*
62	Lanquetôt		Onymische ÜN	Patronym
63		Brin de Paille	Lexikalische ÜN	frz. *brin de paille* ('Strohhalm')
64		Délice de Lanquetôt	Syntagma Typ V	NP → N + PP
65		Duc Normand	Komposition	N + Adj. Kompositum
66		La Bouille	Syntagma Typ I	NP → D + N; frz. fam. *la bouille* ('das Gesicht')
67		Le Crémiot	Syntagma Typ I	NP → D + N (Deriv.); Derivationsbasis *crème* + Suffix *–ot*
68	Le Roitelet		Syntagma Typ I	NP → D + N; frz. *roitelet* 'Goldhähnchen'
69		Péché Mignon	Komposition	N + Adj. Kompositum
70	Le Rustique		Syntagma Typ I	NP → D + N (Konv.)
71		Le Chèvre Gourmand	Syntagma Typ IV	NP → D + N + Adj.
72	Le Vieux Pané		Syntagma Typ IV	NP → D + Adj. + N (Deriv.); frz. *paner* ('panieren')
73		Brique Affinée	Kompositum	N + Adj. Kompositum
74	Les Fromageries Occitanes		Syntagma Typ IV	NP → D + N + Adj.
75		Capitoul	Regionalspr. ÜN	okz. 'magistrat municipal de Toulouse'
76		La Vie de Château	Syntagma Typ II	NP → D + syndet. Kompositum (DM-DS)
77		Les Fromagers Cantaliens	Syntagma Typ IV	NP → D + N + Adj.
78	Lincet		Onym. ÜN	Patronym
79		Le Délice de Bourgogne	Syntagmatyp VI	NP → [$_{NP}$ Le Délice] [$_{PP}$ de Bourgogne]
80	Maison Boursault		Onymische ÜN	
81		Brebis Sensation	Komposition	Nominalkompositum (asyndetisch, DM-DS)
82		Crémier	Lexikalische ÜN	
83		Cuisine et Fromage	Syntagma Typ VIII	Konjunktionales Syntagma
84		Doux de Montagne	Komposition	Nominalkompositum (syndetisch, DM-DS)
85		Galet de la Loire	Syntagma Typ V	NP → N + PP (Hydr.)
86		La Meule de Caractère du Pays Basque	Syntagma Typ VI	NP → [$_{NP}$ La Meule de Caractère] [$_{PP}$ du Pays Basque]

87		Le Cabrissac	Syntagma Typ I	NP → D + N (Pseudoderivativum mit lenisierter Derivationsbasis lat. CAPRA + pseudoregional. Suffix *–ac* + Fugendoppelkonsonsant <ss>
88		Le Montagnard des Vosges	Syntagma Typ VI	NP → [$_{NP}$ Le Montagnard] [$_{PP}$ des Vosges]
89		Les Bouchées Gourmandes	Syntagma Typ IV	NP → D + N +Adj.
90		Saint André	Onymische ÜN	Toponym
91	P'TIT LOUIS		Uneigentliche Komposition	Adj. + Onym Kompositum; Synkope zur Anpassung an mündl. Sprachgebrauch
92		Cric Crac	"Sonstige"	Onomatopoetische Reduplikation
93		Filôfil	Komposition	Nominalkompositum mit Fugengraphem <ô>; frz. *fil* ('Faden'), entnehmbare Käse"fäden" für Kinder
94		Kidiboo	Kürzung	*Transcription phonétique* (*calembours*) von 'qui dit boo' (Gespenst)
95	PAVÉ D'AFFINOIS		Syntagma Typ V	NP → N + PP; *Affinois* fungiert als Pseudo-Toponym; frz. *pavé* 'bloc',
96		Fromagers d'Affinois	Syntagma Typ V	NP → N + PP
97		Le Brin d'Affinois	Syntagma Typ VI	NP → [$_{NP}$ Le Brin] [$_{PP}$ d'Affinois]
98		Le Secret d'Affinois	Syntagma Typ VI	NP → [$_{NP}$ Le Secret] [$_{PP}$ d'Affinois]
99		Plaisir	Lexikalische ÜN	
100	PAYSAN BRETON		Komposition	N + Adj. Kompositum
101		La Baguette de Kernevel	Syntagma Typ VI	NP → [$_{NP}$ La Baguette] [$_{PP}$ de Kernevel (Top.)]
102		La Brique (2/2)	Syntagma Typ I	NP → D + N; frz. *brique* ('Backstein') → hier metonymisch dessen Form
103		La Galette	Syntagma Typ I	NP → D + N; frz. *galette* ('gâteau rond et plat') → metonymisch dessen Form
104		Le Camembert Kergall	Syntagma Typ III	NP → D + N + Onym (Top.)
105		Le Chaudron	Syntagma Typ I	NP → D + N
106		Le Mœlleux	Syntagma Typ I	NP → D + N (Konv.)
107		Les Recettes de Madame Loïk	Syntagma Typ VI	NP → [$_{NP}$ Les Recettes] [$_{PP}$ de Madame Loïk (Patr.)]
108		Moulé de Campagne	Komposition	Nominalkompositum (syndetisch, DM-DS)
109		Triple Délice	Komposition	Adj. + N Kompositum
110	PAYSANGE		Kontamination	Gelenkkreuzung (< *paysan* x *ange*)
111		Charcennay	Lexikalische ÜN	frz. *charcennais* ('Bewohner von Charcenne'); orthographische Verfremdung
112		Fin Fou	Komposition	Adj + N Kompositum
113		L'Ortolan	Syntagma Typ I	NP → D + N; frz. *ortolan* 'Gartenammer'
114		L'Ortolinet	Syntagma Typ I	NP → D + N (Deriv.), Derivationsbasis

				Ortolan + Diminutivsuffix *–et*
115		Roucoulons	"Sonstige"	Verbalflexion *roucoulons*, Imperativ 1.P. Sing. < *roucouler* ('turteln')
116	Petit Breton		Komposition	Adj. + N Kompositum
117		L'Onctueux	Syntagma Typ I	NP → D + N (Konv.)
118	Président		Lexikalische ÜN	
119		Camembert de Campagne	Komposition	Nominalkompositum (syndetisch, DM-DS)
120		Camembert de Caractère		Nominalkompositum (syndetisch, DM-DS)
121		Chèvretine	Derivation	Derivationsbasis *chèvre* + Diminutivsuffix *–in/ine*
122		Cloche Saveur	Komposition	Nominalkompositum (asyndetisch, DM-DS)
123		Cœur de Meule	Komposition	Nominalkompositum (syndetisch, DM-DS)
124		Coulommiers de Caractère	Komposition	Nominalkompositum (syndetisch, DM-DS)
125		Crème de Camembert	Komposition	Nominalkompositum (syndetisch, DM-DS)
126		Croq'lait	Komposition	V + N Kompositum; Synkope
127		Fraidou	Kontamination	Splitterkreuzung *frais* + *doux*
128		La Brique (1/2)	Syntagma Typ I	NP → D + N; frz. *brique* ('Backstein') → hier metonymisch dessen Form
129		La Bûche Fondante	Syntagma Typ IV	NP → D + N + Adj.; frz. *bûche* 'Holzscheit' → hier metonymisch dessen Form
130		La Fromagerie Bio	Syntagma Typ IV	NP → D + N +Adj.
131		Le Blue	Syntagma Typ I	NP → D + N (fremdspr. ÜN)
132		Le Chèvre	Syntagma Typ I	NP → D + N
133		Le Palet	Syntagma Typ I	NP → D + N; frz. *palet* ('objet plat et rond')
134		Meule de Campagne	Komposition	Nominalkompositum (syndetisch, DM-DS)
135		Rondelé	Derivation	(Pseudo-)Derivat durch orthographische Verfremdung von *rondelet* ('mollig')
136	Riches Monts		Komposition	Adj. + N Kompositum
137		L'Assortiment	Syntagma Typ I	NP → D + N
138		La Raclette	Syntagma Typ I	NP → D + N
139	Saint Agur		Kunstname	
140		Crème de Saint Agur	Syntagma Typ V	NP → N + PP (Erg.)
141		Frais Plaisir de Saint Agur	Um Adjektiv erweitertes Syntagma Typ V	NP → Adj. + N + PP (Erg.)
142	Saint Albray		Kunstname	
143		Crème Gourmande	Kompositum	N + Adj. Kompositum
144	St Môret		Kunstname	

145		Apérivrais	Kontamination	Hybride Splitter-/ Gelenkkreuzung (*apéritif* x *vrai* x *frais*]
146		Le Goût Primeur	Syntagma Typ II	NP → D + syndet. Kompositum (DM-DS)
147		Le Moulé du Fromager	Syntagma Typ VI	NP → [$_{NP}$ Le Moulé (Deriv.)] [$_{PP}$ du Fromager]; frz. *mouler* ('formen')
148		Ligne + Plaisir	Syntagma Typ VIII	Konjunktionale Juxtaposition
149	SYLPHIDE		Onymische ÜN	Sylphide ('weiblicher Luftgeist der Mythologie')
150		Le Savoureux	Syntagma Typ I	NP → D + N
151		Les Petits Fromagers	Syntagma Typ II	NP → D + Adj. N
		Einzelmarken		
152		Babybel	Uneigentliche Komposition	Fremdsprachliches Lexem + Onym
153		Bon Mayennais	Komposition	Adj. + N Kompositum
154		Bon Sandwich	Komposition	Adj. + N Kompositum
155		Bonbel	Uneigentliche Komposition	Adjektiv + Onym
156		Brebicet	Derivation	Derivationsbasis *brebis* + Diminutivsuffix *–et*; <s> wird zur Vermeidung des Frikativs durch <c> substituiert
157		Camembert Royal	Komposition	N + Adj. Kompositum
158		Cantadou	Kontamination	Splitterkreuzung aus *Cantal* x *doux*
159		Chaussée aux Moines	Komposition	Nominalkompositum (syndetisch, DM-DS)
160		Chavroux	Kontamination	Splitterkreuzung *chèvre* x *doux* mit Vokalwechsel
161		Crème des Prés	Komposition	Nominalkompositum (syndetisch, DM-DS)
162		Écorce de Sapin	Komposition	Nominalkompositum (syndetisch, DM-DS)
163		EntreMont	Komposition	Adj. + N Kompositum
164		Etorki	Fremdsprachliche ÜN	bask. *etorki* 'Herkunft', 'Abstammung'
165		Fauquet	Onymische ÜN	Patronym
166		L'Edel de Cleron	Syntagma Typ VI	NP → [$_{NP}$ L'Édel] [$_{PP}$ de Cleron]
167		Le Brébiou	Syntagma Typ I	NP → D + N (Deriv.); Derivationsbasis *brebis* + Suffix *–ou*
168		Le Châtelain	Syntagma Typ I	NP → D + N; frz. *châtelain* ('Schloßherr')
169		Le Curé Nantais	Syntagma Typ IV	NP → D + N + Adj.
167		Le Grand Sapin	Syntagma Typ IV	NP → D + Adj. N
171		Le Marbray aux Sillons Bleus	Syntagma Typ VI	NP → [$_{NP}$ Le Marbray] [$_{PP}$ aux Sillons bleus]
172		Le Merzer	Syntagma Typ I	NP → D + N (Erg.)
173		Le Paillé	Syntagma Typ I	NP → D + N (Deriv.); frz. *pailler* ('auf Stroh betten') → der auf Stroh gebettete (tatsächlich auch bei Verpackung der Fall)
174		Le Pié d'Angloys	Syntagma Typ VI	[$_{NP}$ Le Pié] [$_{PP}$ d'Angloys (Pseudotop.)]

				angloys 'habitants d'Anglet' → Konversion zum Pseudo-Topoynm
175		Le Vigneron	Syntagma Typ I	NP → D + N
176		Lepetit	Onymische ÜN	Patronym
177		Les Fromagers des Clarines	Syntagma Typ VI	NP → $[_{NP}$ Les Fromagers] $[_{PP}$ des Clarines (Top.)]
178		Les Petits Amis	Syntagma Typ IV	NP → D + Adj. + N
179		Lisbeth	Onymische ÜN	
180		Lou Pérac	Kunstname	
181		Marie Harel	Onymische ÜN	Vermeintliche Erfinderin des Camembert
182		Patrimoine Gourmand	Komposition	N + Adj. Kompositum
183		Port Salut	Onymische ÜN	Ehemaliges Kloster; berühmt für seine frühere Käseherstellung
184		Rambol	Kürzung	< Rambouillet (Top.)
185		Réo	Onymische ÜN	Toponym; orthographische Verfremdung von Réaux
186		Révérend	Lexikalische ÜN	frz. *Révérend* ('Hochwürden')
187		Rouy	Onymische ÜN	Toponym
188		Spécial Sandwich	Komposition	Adj./gekürztes N + N Komposition
189		Suprême des Ducs	Komposition	Nominalkompositum (syndetisch, DM-DS)
190		Sveltesse	Lexikalische ÜN	frz. *sveltesse* 'Schlanke Figur'
191		Tartare	Lexikalische ÜN	
192		Tourrée de l'Aubier	Komposition	Nominalkompositum (syndetisch, DM [Deriv.] – DS) frz. *tourrer* 'action qui consiste à laminer une détrempe enchassée de beurre et à la replier sur elle-même' frz. *aubier* 'Splintholz'
Handelsmarken				
193	Auchan	Cœur à Cœur	Komposition	Nominalkompositum (syndetisch; kopulativ)
194		P'tits Carrés	Komposition	Adj. + N Kompositum; Synkope zur Anpassung an mündl. Sprachgebrauch
195		P'tits Triangles	Komposition	Adj. + N Kompositum; Synkope zur Anpassung an mündl. Sprachgebrauch
196		Val d'Automne	Komposition	Nominalkompositum (syndetisch; DM-DS)
197	Carrefour	Camembert de Caractère	Komposition	Nominalkompositum (syndetisch; DM-DS)
198		Cœur Complice	Komposition	Nominalkompositum (asyndetisch; DM-DS)
199		Coulommiers de Caractère	Komposition	Nominalkompositum (syndetisch; DM-DS)
200		Reflets de France	Syntagma Typ V	NP → NP + PP (Top.)
201	Match	P'tit Rond	Komposition	Adj. + N Kompositum
202		Sacrémeux	Kontamination	Gelenkkreuzung *sacré* x *crémeux*

III Korpusauflistung Gallizismen

№	Gallizismus	Wortbildung	Erläuterung
13	Almette	Derivation	Derivationsbasis dt. *Alm* + Suffix *–ette*
14	Aux 2 Moines	Isolierte PP	Erinnert an Wirtshausnamen
15	Bresso	Kürzung	Patronym Bressot
16	Caractère	Lexikalische ÜN	
17	Cavabel	Komposition	Nomen + Adj. Kompositum; agrammatisch, da weder Notwendigkeit zur Kürzung von *beau* zu *bel* besteht noch Postdeterminierung (DM-DS) korrekt ist, zudem hybrid (lat. CAVA 'Keller')
18	Champignon	Lexikalische ÜN	
19	Chêne d'Argent	Komposition	Nominalkompositum (syndetisch, DM-DS)
20	Chez Pierre	Isolierte PP	Erinnert an Wirtshausnamen
21	CLAUDEL	Onymische ÜN	Patronym
1	Fromage de Normandie	Syntagma Typ V	NP → N + PP
2	Fromage des Vosges	Syntagma Typ V	NP → N + PP
22	Clémont	Kontamination	Einschlusskreuzung < *Clément* x *mont*
23	Couronne	Lexikalische ÜN	
24	Crefée	Derivation	Agrammatisch, da Kunstwort als Derivationsbasis + Suffix *–ée*
25	Crème Blanche	Komposition	N + Adj. Kompositum
26	Creme Bremont	Uneigentliche Komposition	Nominalkompositum N + Kontamination (mit Kunstnamenanteil); durch Kontamination als DS uneigentliche Komposition; keine ÜN des Akzents
27	Crème Royal	Komposition	N + Adj. Kompositum ; agrammatisch (*royale*)
28	Cremisée	Derivation	Agrammatisches Pseudopartizip des Kunstwortes **crémiser*
29	Cremoselle	Kontamination	Splitterkreuzung < *crème* x *madmoiselle*; ohne ÜN des Akzents
30	Domédictin	Lexikalische ÜN	
31	Doux et Crémeux	Syntagma Typ VIII	Konjunktionale Juxtaposition
32	Duc de Cœur	Komposition	Nominalkompositum (syndetisch, DM-DS)
33	Escapade	Lexikalische ÜN	
34	Étoile d'Or	Komposition	Nominalkompositum (syndetisch, DM-DS)
35	Exquisa	Derivation	Derivationsbasis *exquis* + romanisches Suffix *–a*
36	François	Onymische ÜN	
37	From'dor	Kontamination	Halbvollkreuzung *fromage* x *d'or*; Versetzung des Akzents
38	Frombel	Kontamination	Halbvollkreuzung < *fromage* + *bel*, agrammatisch (siehe *Cavabel*)
39	GÉRAMONT	Kontamination	Halbvollkreuzung < *Gérard* x *mont*
3	Le Snack	Syntagma Typ I	NP → D + N
40	Henri	Onymische ÜN	
41	Jean Luc	Onymische ÜN	
42	La Cabrette	Syntagma Typ I	NP → D + N
43	La Ficelle	Syntagma Typ I	NP → D + N

44	La Sélection d'Amélie	Syntagma Typ VI	NP → [$_{NP}$ La Sélection] [$_{PP}$ d'Amélie]
45	Le Bouchon d'Auvergne	Syntagma Typ VI	NP → [$_{NP}$ Le Bouchon] [$_{PP}$ d'Auvergne]
46	Le Coq de France	Syntagma Typ VI	NP → [$_{NP}$ Le Coq] [$_{PP}$ de France]
47	Le Gourmet	Syntagma Typ I	NP → D + N
48	Le Tartare	Syntagma Typ I	NP → D + N
49	Louis d'Or	Uneigentliche Komposition	Nominalkompositum (syndetisch; uneigentliche Komposition, da Onym als DS)
50	Lys de France	Syntagma Typ V	NP → N + PP
51	Père Michel	Uneigentliche Komposition	Nominalkompositum Nomen + Onym; uneigentliche Komposition, da Onym als DS
52	PIERRE MEYER	Onymische ÜN	
4	Cœur de Valérie	Uneigentliche Komposition	Nominalkompositum (syndetisch, DM-DS), uneigentlich, da Onym als DS
5	PRÉSIDENT		
	L'Aromatique	Syntagma Typ I	NP → D + N
7	Le Petit	Syntagma Typ I	NP → D + N
9	Paradis	Lexikalische ÜN	
6	L'Original	Syntagma Typ I	NP → D + N
8	Le Roux	Syntagma Typ I	NP → D + N
53	Ramee	Derivation	Derivationsbasis dt. *Rahm* + Suffix *–ée* (ohhe ÜN des Akzents)
54	ROI DE TRÈFLE	Komposition	Nominalkompositum (syndetisch, DM-DS)
11	Grand Classique	Komposition	Adj. + N Kompositum
12	Triple Crème	Komposition	Adj. + N Kompositum
10	Grand Caractère	Komposition	Adj. + N Kompositum
55	Romance	Lexikalische ÜN	
56	Rougette	Derivation	Derivationsbasis *rouge* + Suffix *–ette*, semantisch widersinnig, da Farben nicht verniedlicht werden können
57	Sélection	Lexikalische ÜN	
58	Spécialité d'Anjou	Syntagma Typ V	NP → N + PP
59	Spécialité du Pays Basque	Syntagma Typ V	NP → N + PP
60	Suprême	Lexikalische ÜN	
61	Tourrée	Derivation	Derivativum des Verbs *tourrer* ('action qui consiste à laminer une détrempe enchassée de beurre et à la replier sur elle-même')

IV Herstellernachweis Französische Tyronyme

APÉRICUBE	Filet du Pêcheur	Fromageries Bel S.A.
	Folifrais	
	Panier de Campagne	
	Touche de Frais	
	Voyage en Toscane	
BADOZ	Le Babydoz	Fromagerie Badoz S.A.
	Le Bourrichon	
	Le Crémeux du Jura	
	Le Sanglé	
	Le Sapin du Haut Doubs	
BOURSIN	Création Fraîcheur	Fromageries Bel S.A.
BRIDEL	Bridélice	Lactalis S.A.
	Bridelight	
	Le Crémiot	
CAPRICE DES DIEUX	En Cas de Caprice	Bongrain S.A.
	Mini Caprice	
CHAMOIS D'OR	La Crème	Bongrain S.A.
CHAUMES	Cloche Fraîcheur	Bongrain S.A.
	La Crème de Caractère	
	Le Crémier de Chaumes	
	Le Grand Affinage	
	Meule de Caractère	
	Pause Gourmande	
	Véritable Chaumes	
CŒUR DE LION	Camembert au four	Compagnie des Fromages & RichesMonts S.C.A.
	Cœur Tendre	
	La Crème	
COUSTERON	La Couronne de Cousteron	Fromageries Bel S.A.
	Le Rond de Cousteron	
ELLE & VIRE	Carré Frais	Compagnie Laitière Européenne S.A.
ERMITAGE	Le Père André	Fromagerie de l'Ermitage
FICELLO	Le Bâtonnet de Fromage	Kerry Foods Deutschland
FOL ÉPI	La Portion	Bongrain S.A.
	Pain d'Ange	
ISTARA	Chistou	Société des Caves et des Producteurs Réunis de Roquefort (SCPR)
	P'tit Basque	
	Tomme du Pays Basque	
KIRI	Golo	Fromagerie Bel S.A.
	Goûter	

	P'tit Déj	
LA VACHE QUI RIT	Ma p'tite Vache qui rit	Fromagerie Bel S.A.
	Pik et Croq'	
	Toastinette	
LANQUETÔT	Brin de Paille	Lactalis S.A.
	Déloce de Lanquetôt	
	Duc Normand	
	La Bouille	
	Le Crémiot	
LE ROITELET	Péché Mignon	B.S.A. International
LE RUSTIQUE	Le Chèvre Gourmand	Compagnie des Fromages & RichesMonts S.C.A.
LE VIEUX PANÉ	Brique Affinée	Bongrain S.A.
LES FROMAGERIES OCCITANES	Capitoul	Les Fromageries Occitanes S.A.S.
	La Vie de Château	
	Les Fromagers Cantaliens	
LINCET	Le Délice de Bourgogne	Fromagerie Lincet S.A.S.
MAISON BOURSAULT	Brebis Sensation	Bongrain S.A.
	Crémier	
	Cuisine et Fromage	
	Doux de Montagne	
	Galet de la Loire	
	La Meule de Caractère du Pays Basque	
	Le Cabrissac	
	Le Montagnard des Vosges	
	Les Bouchées Gourmandes	
	Saint André	
P'TIT LOUIS	Cric Crac	Bongrain S.A.
	Filôfil	
	Kidiboo	
PAVÉ D'AFFINOIS	Fromagers d'Affinois	Fromagerie Guilloteau S.A.
	Le Brin d'Affinois	
	Le Secret d'Affinois	
	Plaisir	
PAYSAN BRETON	La Baguette de Kernevel	Laita PGC S.A.S.
	La Brique (2/2)	
	La Galette	
	Le Camembert Kergall	
	Le Chaudron	
	Le Mœlleux	
	Les Recettes de Madame Loïk	

	Moulé de Campagne	
	Triple Délice	
	Charcennay	ETS Milleret S.A.
	Fin Fou	
	L'Ortolan	
	L'Ortolinet	
	Roucoulons	
PETIT BRETON	L'Onctueux	Laiterie Tribaillat S.A.
PRÉSIDENT	Camembert de Campagne	Lactalis S.A.
	Camembert de Caractère	
	Chèvretine	
	Cloche Saveur	
	Cœur de Meule	
	Coulommiers de Caractère	
	Crème de Camembert	
	Croq'lait	
	Fraidou	
	La Brique (1/2)	
	La Bûche Fondante	
	La Fromagerie Bio	
	Le Blue	
	Le Chèvre	
	Le Palet	
	Meule de Campagne	
	Rondelé	
RICHES MONTS		Compagnie des Fromages & RichesMonts S.C.A.
	L'Assortiment	
	La Raclette	
SAINT AGUR		Bongrain S.A.
	Crème de Saint Agur	
	Frais Plaisir de Saint Agur	
SAINT ALBRAY		Bongrain S.A.
	Crème Gourmande	
ST MÔRET		Bongrain S.A.
	Apérivrais	
	Le Goût Primeur	
	Le Moulé du Fromager	
	Ligne + Plaisir	
SYLPHIDE		Fromageries Bel S.A.
	Le Savoureux	
	Les Petits Fromagers	

Einzelmarken		
	Babybel	Fromageries Bel S.A.
	Bon Mayennais	Vaubernier S.A.S.
	Bon Sandwich	Bongrain S.A.
	Bonbel	Fromageries Bel S.A.
	Brebicet	Fromageries Guilloteau
	Camembert Royal	Fromagerie de l'Ermitage
	Cantadou	Fromageries Bel S.A.
	Chaussée aux Moines	Celia S.A.S.
	Chavroux	Bongrain S.A.
	Crème des Prés	Claudel Roustang Galac S.A.
	Écorce de Sapin	Fromagerie Jean Perrin
	EntreMont	Entremont Alliance
	Etorki	Bongrain S.A.
	Fauquet	Bongrain S.A.
	L'Edel de Cleron	Perrin Vermont S.A.
	Le Brébiou	Bongrain S.A.
	Le Châtelain	Claudel Roustang Galac
	Le Curé Nantais	Le Curé Nantais S.A.R.L.
	Le Grand Sapin	Siffert Frères S.A.S.
	Le Marbray aux Sillons Bleus	Fromageries Bel S.A.
	Le Merzer	Laiterie Triballat S.A.
	Le Paillé	Fromageries F. Paul Renard
	Le Pié d'Angloys	Fromageries F. Paul Renard S.A.
	Le Vigneron	Nicht ermittelbar
	Lepetit	Claudel Roustang Galac S.A.
	Les Fromagers des Clarines	Perrin Vermont S.A.
	Les Petits Amis	B.S.A. International
	Lisbeth	Sodiaal International
	Lou Pérac	Société des Caves et des Producteurs Réunis de Roquefort (SCPR)
	Marie Harel	Gillot S.A.
	Patrimoine Gourmand	Cora S.A.S.
	Port Salut	S.A.F.R. S.A.
	Rambol	Bongrain S.A.
	Réo	Laiterie Fromagerie du Val d'Ay ETS Réaux
	Révérend	Compagnie des Fromages & RichesMonts S.C.A.
	Rouy	B.S.A. International
	Spécial Sandwich	Bongrain S.A.

	Suprême des Ducs	Fromageries F. Paul Renard S.A.S.
	Sveltesse	Nestlé
	Tartare	Bongrain S.A.
	Tourrée de l'Aubier	Compagnie des Fromages & RichesMonts S.C.A.

V Herstellernachweis Gallizismen

Name	Vertrieb (Produktionsland)
Almette	Hochland (D)
Aux 2 Moines	Elvir SA (F)
Bresso	Edelweiss (D)
Caractère (LEERDAMMER)	Bel Deutschland (D)
Cavabel	Lidl (D)
Champignon	Käserei Champignon (D)
Chêne d'Argent	Lidl (F)
Chez Pierre	Penny (F)
CLAUDEL Fromage de Normandie Fromage des Vosges	Lidl (F)
Clémont	Alptal Molkerei Vertriebs GmbH (D)
Couronne	Plus (F)
Crefée	Lidl (D, Huber GmbH)
Crème Blanche	Fromagerie Guilloteau (F)
Creme Bremont	Van den Bergh (NL)
Crème Royal	Danland Foods (DK)
Cremisée	Bayernmilch GmbH (D)
Cremoselle	Bergader Privatkäserei GmbH (D)
Domédictin	Rotkäppchen (F)
Doux et Crémeux	Lidl (F)
Duc de Cœur	Lidl (F)
Escapade	Penny (D)
Étoile d'Or	Lidl (F)
Exquisa	Karwendel Werke Huber GmbH (D)
François	Kaufland (F)
From'dor	Lidl (D, Meinrad Milz Käsevertrieb)
Frombel	Plus (D)
GÉRAMONT Le Snack	Lactalis (F)
Henri	BG S.A.S. (F)
Jean Luc	Netto (F)
La Cabrette	Rians (F)
La Ficelle	Aldi Nord (F)
La Sélection d'Amélie	Aldi Nord (F, Fromagerie de Chaumes)
Le Bouchon d'Auvergne	Fromi GmbH (F)
Le Coq de France	Aldi Nord (F, Fromagerie Tessier)
Le Gourmet	Penny (F)
Le Tartare	Fromarsac (F)
Louis d'Or	Penny (D)

FORUM FÜR FACHSPRACHEN-FORSCHUNG

Die Bd. 1 bis 77 sind im Verlag Gunter Narr erschienen.

Bd. 78 Hartwig Kalverkämper: Textsortengeschichte und Fächertradition. Systeme im Wandel zwischen französischer Klassik und Aufklärung (1650–1750). ISBN 978-3-86596-175-4

Bd. 79 Jin Zhao: Interkulturalität von Textsortenkonventionen. Vergleich deutscher und chinesischer Kulturstile: Imagebroschüren. 392 Seiten. ISBN 978-3-86596-169-3

Bd. 80 Hartwig Kalverkämper/Klaus-Dieter Baumann (Hg.): Fachtextsorten – in – Vernetzung. 486 Seiten. ISBN 978-3-86596-160-0

Bd. 81 Henrike Täuscher: Fachlichkeit in der Werbung für Laien. Deutsche und französische Anzeigen im Vergleich. 262 Seiten. ISBN 978-3-86596-162-4

Bd. 82 Tim Peters: Macht im Kommunikationsgefälle: der Arzt und sein Patient. 212 Seiten. ISBN 978-3-86596-181-5

Bd. 83 Hans P. Krings/Felix Mayer (Hg.): Sprachenvielfalt im Kontext von Fachkommunikation, Übersetzung und Fremdsprachenunterricht. Für Reiner Arntz zum 65. Geburtstag. 530 Seiten. ISBN 978-3-86596-192-1

Bd. 84 Encarnación Tabares Plasencia/Vessela Ivanova/Elke Krüger (Eds.): Análisis lingüístico contrastivo de textos especializados en español y alemán. 258 Seiten. ISBN 978-3-86596-190-7

Bd. 85 Nancy Hadlich: Analyse evidenter Anglizismen in Psychiatrie und Logistik. 458 Seiten. ISBN 978-3-86596-380-2

Bd. 86 Eva Martha Eckkrammer (Ed.): La comparación en los lenguajes de especialidad. 302 Seiten. ISBN 978-3-86596-216-4

Bd. 87 Maria Mushchinina: Rechtsterminologie – ein Beschreibungsmodell. Das russische Recht des geistigen Eigentums. 396 Seiten. ISBN 978-3-86596-218-8

Bd. 88 Sylvia Reinart: Kulturspezifik in der Fachübersetzung. Die Bedeutung der Kulturkompetenz bei der Translation fachsprachlicher und fachbezogener Texte. 562 Seiten. ISBN 978-3-86596-235-5

Bd. 89 Radegundis Stolze: Fachübersetzen – Ein Lehrbuch für Theorie und Praxis. 3. Auflage. 420 Seiten. ISBN 978-3-86596-257-7

Bd. 90 Carmen Heine: Modell zur Produktion von Online-Hilfen. 318 Seiten. ISBN 978-3-86596-263-8

FORUM FÜR FACHSPRACHEN-FORSCHUNG

Bd. 91 Brigitte Horn-Helf: Konventionen technischer Kommunikation: Makro- und mikrokulturelle Kontraste in Anleitungen. 614 Seiten mit CD. ISBN 978-3-86596-233-1

Bd. 92 Marina Adams: Wandel im Fach. Historiographie von DaF als Fachsprachen-Disziplin in der DDR. 460 Seiten. ISBN 978-3-86596-269-0

Bd. 93 Carsten Sinner: Wissenschaftliches Schreiben in Portugal zum Ende des *Antigo Regime* (1779–1821). Die Memórias económicas der *Academia das Ciências de Lisboa*. 714 Seiten. ISBN 978-3-86596-277-5

Bd. 94 Laurent Gautier (éd.): Les discours de la bourse et de la finance. 186 Seiten. ISBN 978-3-86596-302-4

Bd. 96 Julia Neu: Mündliche Fachtexte der französischen Rechtssprache. 294 Seiten. ISBN 978-3-86596-351-2

Bd. 97 Mehmet Tahir Öncü: Probleme interkultureller Kommunikation bei Gerichtsverhandlungen mit Türken und Deutschen. 168 Seiten. ISBN 978-3-86596-387-1

Bd. 98/99 Klaus-Dieter Baumann (Hg.): Fach – Translat – Kultur. Interdisziplinäre Aspekte der vernetzten Vielfalt. 2 Bände im Schuber, zus. 1562 Seiten. ISBN 978-3-86596-209-6

Bd. 100 Hartwig Kalverkämper (Hg.): Fachkommunikation im Fokus – Paradigmen, Positionen, Perspektiven. 1040 Seiten. ISBN 978-3-7329-0214-9

Bd. 102 Anastasiya Kornetzki: Contrastive Analysis of News Text Types in Russian, British and American Business Online and Print Media. 378 Seiten. ISBN 978-3-86596-420-5

Bd. 103 Ingrid Simonnæs: Rechtskommunikation national und international im Spannungsfeld von Hermeneutik, Kognition und Pragmatik. 304 Seiten. ISBN 978-3-86596-427-4

Bd. 104 Svenja Dufferain: Tyronyme – zur strategischen Wortbildung französischer Käsemarkennamen. 140 Seiten. ISBN 978-3-86596-428-1

Bd. 105 Laurent Gautier (éd.): Figement et discours spécialisés. 158 Seiten. ISBN 978-3-86596-413-7

Bd. 106/107 Eva Martha Eckkrammer: Medizin für den Laien: Vom Pesttraktat zum digitalen Ratgebertext. 2 Bände im Schuber, zus. 1328 Seiten. ISBN 978-3-86596-312-3

Bd. 108 Lucia Udvari: Einführung in die Technik der Rechtsübersetzung vom Italienischen ins Deutsche. Ein Arbeitsbuch mit interdisziplinärem Ansatz. 316 Seiten. ISBN 978-3-86596-516-5

FORUM FÜR FACHSPRACHEN-FORSCHUNG

Bd. 109 Mehmet Tahir Öncü: Kulturspezifische Aspekte in technischen Texten. Eine Analyse deutsch- und türkischsprachiger Gebrauchsanleitungen. 212 Seiten. ISBN 978-3-86596-517-2

Bd. 110 Cornelia Griebel: Rechtsübersetzung und Rechtswissen. Kognitionstranslatologische Überlegungen und empirische Untersuchung des Übersetzungsprozesses. 432 Seiten. ISBN 978-3-86596-534-9

Bd. 111 Laura Sergo/Ursula Wienen/Vahram Atayan (Hg.): Fachsprache(n) in der Romania. Entwicklung, Verwendung, Übersetzung. 458 Seiten. ISBN 978-3-86596-404-5

Bd. 112 Birte Möpert: Die Fachsprache des Tanzes. 218 Seiten. ISBN 978-3-7329-0012-1

Bd. 113 Marina Brambilla/Joachim Gerdes/Chiara Messina (Hg.): Diatopische Variation in der deutschen Rechtssprache. 382 Seiten. ISBN 978-3-86596-447-2

Bd. 114 Christiane Zehrer: Wissenskommunikation in der technischen Redaktion. Die situierte Gestaltung adäquater Kommunikation. 406 Seiten. ISBN 978-3-7329-0032-9

Bd. 115 Tanja Wissik: Terminologische Variation in der Rechts- und Verwaltungssprache. Deutschland – Österreich – Schweiz. 394 Seiten. ISBN 978-3-7329-0004-6

Bd. 116 Larissa Alexandrovna Manerko/Klaus-Dieter Baumann/Hartwig Kalverkämper (eds.): Terminology Science in Russia today. From the Past to the Future. 460 Seiten. ISBN 978-3-7329-0051-0

Bd. 117 Georg Löckinger: Übersetzungsorientierte Fachwörterbücher. Entwicklung und Erprobung eines innovativen Modells. 322 Seiten. ISBN 978-3-7329-0053-4

Bd. 118 Kerstin Petermann: Verbale und nonverbale Vagheit in englisch- und deutschsprachigen Interviews. 418 Seiten. ISBN 978-3-7329-0061-9

Bd. 119 Encarnación Tabares Plasencia (ed.): Fraseología jurídica contrastiva español–alemán/Kontrastive Fachphraseologie der spanischen und deutschen Rechtssprache. 148 Seiten. ISBN 978-3-86596-528-8

Bd. 120 Klaus-Dieter Baumann/Jan-Eric Dörr/Katja Klammer (Hg.): Fachstile – Systematische Ortung einer interdisziplinären Kategorie. 216 Seiten. ISBN 978-3-7329-0105-0

Bd. 121 Jenny Brumme/Carmen López Ferrero (eds.): La ciencia como diálogo entre teorías, textos y lenguas. 348 Seiten. ISBN 978-3-7329-0130-2

Bd. 122 Ingrid Simonnæs: Basiswissen deutsches Recht für Übersetzer. Mit Übersetzungsübungen und Verständnisfragen. 202 Seiten. ISBN 978-3-7329-0133-3

FORUM FÜR FACHSPRACHEN-FORSCHUNG

Bd. 123 Silke Friedrich: Deutsch- und englischsprachige Werbung. Textpragmatik, Medialität, Kulturspezifik. 142 Seiten. ISBN 978-3-7329-0152-4

Bd. 124 Bernhard Haidacher: Bargeldmetaphern im Französischen. Pragmatik, Sprachkultur und Metaphorik. 368 Seiten. ISBN 978-3-7329-0124-1

Bd. 125 Chiara Messina: Die österreichischen Wirtschaftssprachen. Terminologie und diatopische Variation. 384 Seiten. ISBN 978-3-7329-0113-5

Bd. 126 Raimund Drommel: Sprachprofiling – Grundlagen und Fallanalysen zur Forensischen Linguistik. 338 Seiten. ISBN 978-3-7329-0158-6

Bd. 127 Krzysztof Nycz/Klaus-Dieter Baumann/Hartwig Kalverkämper (Hg.): Fachsprachenforschung in Polen. 328 Seiten. ISBN 978-3-7329-0211-8

Bd. 128 Peter Kastberg: Kondensation und Expansion in Fachtexten der Technik. 160 Seiten. ISBN 978-3-7329-0221-7

Bd. 129 Anja Centeno García: Textarbeit in der geisteswissenschaftlichen Lehre. 360 Seiten. ISBN 978-3-7329-0196-8

Bd. 132 Maria Mushchinina: Sprachverwendung und Normvorstellung in der Fachkommunikation. 450 Seiten. ISBN 978-3-7329-0293-4

Bd. 133 Agnes Goldhahn: Tschechische und deutsche Wissenschaftssprache im Vergleich. Wissenschaftliche Artikel der Linguistik. 226 Seiten. ISBN 978-3-7329-0332-0

Bd. 134 Natalya Zalipyatskikh: Didaktik der technischen Fachkommunikation. Methodologien, Konzepte, Evaluationen. 422 Seiten mit CD. ISBN 978-3-7329-0344-3

Bd. 135 Katja Klammer: Denkstile in der Fachkommunikation der Technik- und Sozialwissenschaften. Fakten und Kontraste im Deutschen und Englischen. 438 Seiten. ISBN 978-3-7329-0355-9

Bd. 136 Fabian Fahlbusch: Unternehmensnamen. Entwicklung – Gestaltung – Wirkung – Verwendung. 322 Seiten. ISBN 978-3-7329-0202-6

Bd. 137 Sabrina Brandt: Anglizismen – Sprachwandel in deutschen und norwegischen Texten der Informationstechnologie. 140 Seiten. ISBN 978-3-7329-0385-6

Bd. 138 Sascha Bechmann (Hg.): Sprache und Medizin. Interdisziplinäre Beiträge zur medizinischen Sprache und Kommunikation. 498 Seiten. ISBN 978-3-7329-0372-6

Bd. 139 Anastasia Mikhailova-Tucholke: Der französische Fachwortschatz im Bereich Solarenergie: Wortbildung und Lexikographie. 232 Seiten. ISBN 978-3-7329-0400-6

FORUM FÜR FACHSPRACHEN-FORSCHUNG

Bd. 140 Annikki Liimatainen/Arja Nurmi/Marja Kivilehto/Leena Salmi/Anu Viljanmaa/ Melissa Wallace (eds.): Legal Translation and Court Interpreting: Ethical Values, Quality, Competence Training. 398 Seiten. ISBN 978-3-7329-0295-8

Bd. 141 Rosemarie Buhlmann/Anneliese Fearns: Handbuch des fach- und berufsbezogenen Deutschunterrichts DaF, DaZ, CLIL. 714 Seiten. ISBN 978-3-7329-0013-8

Bd. 142 Agnieszka Błażek: Einheit in Vielfalt: der Bologna-Prozess. Fachlexikologische und fachkommunikative Aspekte. 406 Seiten. ISBN 978-3-7329-0470-9

Bd. 143 Katrin Josephine Wagner: Die Sprache der Jäger – Ein Vergleich der Weidmannssprache im deutsch- und englischsprachigen Raum. 82 Seiten. ISBN 978-3-7329-0455-6

Bd. 144 Stefania Cavagnoli/Laura Mori (eds.): Gender in legislative languages. From EU to national law in English, French, German, Italian and Spanish. 256 Seiten. ISBN 978-3-7329-0349-8

Bd. 145 Damaris Borowski: Sprachliche Herausforderungen ausländischer Anästhesist(inn)en bei Aufklärungsgesprächen. Eine gesprächsanalytische Studie zu „Deutsch als Zweitsprache im Beruf". 388 Seiten. ISBN 978-3-7329-0502-7

Bd. 146 Thomas Bartz: Texte sprachbewusst optimieren. Ein linguistisches Kategoriensystem für die computergestützte Revision qualitätsrelevanter sprachlicher Merkmale in Texten. 218 Seiten. ISBN 978-3-7329-0514-0

Bd. 147 Lenka Vaňková (Hg.): Fachlichkeit und Fachsprachlichkeit in varianten Kontexten. 266 Seiten. ISBN 978-3-7329-0530-0

Bd. 148 Eva Wiesmann: Der notarielle Immobilienkaufvertrag in Italien und Deutschland. Eine kontrastive diachronische Untersuchung zur Bedeutung von Norm und Konvention sowie zur Entwicklung der Textsorte. 476 Seiten. ISBN 978-3-7329-0511-9

Bd. 149 Ingrid Simonnæs/Marita Kristiansen (eds.): Legal Translation. Current Issues and Challenges in Research, Methods and Applications. 410 Seiten. ISBN 978-3-7329-0366-5

Bd. 150 Thorsten Dick: Fachlich kommunizieren mit sich selbst. Verständlichkeit und Optimierung von Recherchenotizen. 274 Seiten. ISBN 978-3-7329-0553-9

Bd. 151 Kristina Pelikan: Enhancing and analysing Project Communication. 296 Seiten. ISBN 978-3-7329-0564-5

Bd. 152 Miriam Behschnitt: Die Fachtextsorte Gesetz. Eine kontrastive stilistische Untersuchung anhand des deutschen Aufenthaltsgesetzes und britischer *Immigration Acts*. 162 Seiten. ISBN 978-3-7329-0548-5

FORUM FÜR FACHSPRACHEN-FORSCHUNG

Bd. 153 Irena Vassileva/Mariya Chankova/Esther Breuer/Klaus P. Schneider (eds.): The Digital Scholar: Academic Communication in Multimedia Environment. 344 Seiten. ISBN 978-3-7329-0569-0

Bd. 154 Ingrid Simonnæs/Øivin Andersen/Klaus Schubert (eds.): New Challenges for Research on Language for Special Purposes. Selected Proceedings from the 21st LSP-Conference 28–30 June 2017 Bergen, Norway. 392 Seiten. ISBN 978-3-7329-0420-4

Bd. 155 Franziska Toscher: Die Fachsprache der Geschichtswissenschaft. Wissenstransfer – Subjektivität – Übersetzung. 388 Seiten. ISBN 978-3-7329-0554-6

Bd. 156 Jana Schumacher: Wissenschaftliche Zeitschriftenartikel und Letters der Physik und Informatik. Eine Mehr-Ebenen-Differenzierung. 332 Seiten. ISBN 978-3-7329-0615-4

Bd. 157 Peter Kastberg: Knowledge Communication. Contours of a Research Agenda. 136 Seiten. ISBN 978-3-7329-0432-7

Bd. 158 Alexander Holste: Semiotische Effizienz interfachlicher Sprache-Bild-Textsorten. Schreibprozesse bei Pflichtenheften technischer Ausschreibungen. 488 Seiten. ISBN 978-3-7329-0300-9

Bd. 159 Lenka Vaňková (Hg.): Das Fachwort in der Tagespresse. 160 Seiten. ISBN 978-3-7329-0628-4

Bd. 160 Alessandra Zurolo: Deutsche medizinische Lehrtexte. Eine diachronische Perspektive. 258 Seiten. ISBN 978-3-7329-0682-6

Bd. 161 Marina Adams/Klaus-Dieter Baumann/Hartwig Kalverkämper (Hg.): Fachkommunikationsforschung im Spannungsfeld von Methoden, Instrumenten und Fächern. 416 Seiten. ISBN 978-3-7329-0783-0

Bd. 162 Giuliana Elena Garzone/Paola Catenaccio: Ethics in Professional and Corporate Discourse. Linguistic Perspectives. 202 Seiten. ISBN 978-3-7329-0806-6

Bd. 163 Ursula Wienen/Tinka Reichmann/Laura Sergo (Hg.): Syntax in Fachkommunikation. 550 Seiten. ISBN 978-3-7329-0821-9

Bd. 164 Marina Adams/Klaus-Dieter Baumann/Hartwig Kalverkämper (Hg.): Zukunftsformate der Fachkommunikationsforschung. Wissenstransfer – Bildung – Interlingualität. 350 Seiten. ISBN 978-3-7329-0800-4

Bd. 165 Harald Weinrich: Sprache, das heißt Sprachen. Plädoyer für die sprachliche Vielfalt. 520 Seiten. ISBN 978-3-7329-0879-0